U1005779

山东省煤炭聚集区塌陷地建设利用关键技术

张　丰　谭秀全　李爱军
张　岩　徐书名　胡　波　编著

中国矿业大学出版社
·徐州·

内容简介

本书针对山东省煤炭聚集区采煤塌陷地建设利用关键技术问题，通过对岩移观测资料的分析和总结，获取区域开采沉陷预测方法和参数体系，实现开采影响期地表沉陷的准确表达；采用 D-InSAR 和时序分析方法查明采煤塌陷地分布范围及塌陷地发展演化；利用物探、钻探和测井手段确定区域上覆岩层“三带”发育高度，优化“三带”发育高度计算公式；根据实测和探测资料，建立适用于本区的采空区极限残余变形计算方法及参数体系；进行采空区稳定性评价和工程建设适宜性评价，并提出针对性的工程技术措施。

本书可供测绘工程、地质工程、采矿工程、岩土工程、生态环境等学科研究人员、专业技术人员和生产管理者参考。

图书在版编目(CIP)数据

山东省煤炭聚集区塌陷地建设利用关键技术 / 张丰等编著.—徐州：中国矿业大学出版社，2021.6

ISBN 978-7-5646-4955-5

Ⅰ.①山… Ⅱ.①张… Ⅲ.①煤矿开采—地表塌陷—建筑工程—山东 Ⅳ.①TD327②TU

中国版本图书馆 CIP 数据核字(2021)第 027165 号

书　　名 山东省煤炭聚集区塌陷地建设利用关键技术

编　　著 张　丰　谭秀全　李爱军　张　岩　徐书名　胡　波

责任编辑 李士峰

出版发行 中国矿业大学出版社有限责任公司
(江苏省徐州市解放南路　邮编 221008)

营销热线 (0516)83884103　83885105

出版服务 (0516)83995789　83884920

网　　址 http://www.cumtp.com　**E-mail**:cumtpvip@cumtp.com

印　　刷 江苏淮阴新华印务有限公司

开　　本 787 mm×1092 mm　1/16　**印张** 10.5　**字数** 269 千字

版次印次 2021 年 6 月第 1 版　2021 年 6 月第 1 次印刷

定　　价 47.00 元

(图书出现印装质量问题，本社负责调换)

前 言

山东省是我国重要的产煤省份之一，含煤面积约 1.65 万 km^2，占全省国土面积的10.6%。山东省煤炭资源开采历史久远，有记录的开采活动距今已有 300 多年，长期的开采利用造成了大面积的土地塌陷，截至 2018 年年底，山东省累计形成采煤塌陷地 117.87 万亩(1 亩=10 000/15 m^2)，其中济宁市采煤塌陷地 61.65 万亩，占全省塌陷总量的 52.30%。为了实现采煤塌陷地的合理利用，在山东省发展改革委印发了《山东省采煤塌陷地综合治理专项规划(2019—2030 年)》后，六部门又联合印发了《〈山东省采煤塌陷地综合治理专项规划(2019—2030 年)〉实施意见》，以上两文件指出，距城区较近的采煤塌陷区，治理后可补充城市发展建设用地，会变身城市公园或新型产业园区，拓宽城市空间。

本书以山东省煤炭聚集区的核心城市——济宁为例，开展采煤塌陷地建设利用关键技术研究，首先收集整理了研究区域大量的岩移观测资料，通过综合分析整理，确定不同条件下地表采煤塌陷的呈现形式及发展过程，提出适用于本区的开采沉陷计算方法及参数体系，准确掌握各矿井开采影响期地表移动变形规律，为结合矿井开采规划评价区域地表沉陷状态提供可靠技术手段。然后针对采煤塌陷地范围大、沉陷周期长、传统监测手段难以全面覆盖的问题，探求基于 InSAR 技术的高精度和大覆盖面积的采煤塌陷地调查与采空区稳定性评价技术，采用 D-InSAR 和时序分析(SBAS)两种不同的方法进行解译，查明采煤塌陷地分布范围及塌陷深度等情况，通过时序分析方法研究评价区内塌陷地发展演化，为初步确定老采空区的残余变形提供基础依据。在对区域地质采矿条件进行综合分析的基础上，选择典型区域，采用物探、钻探和测井等勘查方法，查明区域上覆岩层“三带”发育高度和留设煤(岩)柱完整性，利用岩石力学测试手段，获取采空区顶底板和煤(岩)柱岩石力学参数，优化本区的“三带”发育高度计算公式。在对多种手段获取的不同类型采空区地表已有沉陷数据全面分析及上覆岩层结构准确把握的基础上，确定不同类型采空区的极限残余变形计算方法及参数体系。最后，根据国家相关标准和规范，结合研究区域的地质地貌特征，确定采空区稳定性及工程建设适宜性评价因子，构建采空区稳定性及工程建设适宜性评价方法，并对研究区的采空区稳定性及工程建设适宜性进行评价，提出针对性的工程技术措施。

全书共分为 8 章。第 1 章探讨了采煤塌陷地建设利用的背景与意义、国内外研究现状和进展，确定了主要的研究内容、研究方法和技术路线；第 2 章简要评述了研究区域的建设规划、煤矿开采情况和采煤塌陷地建设利用相关的地质资料；第 3 章对研究区岩移观测资料进行系统性的总结和整理，获取适用于本区的概率积分法参数和角量参数表达模型，并进行了实测验证；第 4 章对 InSAR 技术进行老采空区移动变形解译及稳定性评价的实验和验证分析；第 5 章在对老采空区覆岩结构物探、钻探资料综合分析的基础上，提出适用于研究区域的老采空区极限残余变形计算方法；第 6 章综合利用前述研究成果，结合区域地质采矿特征，对研究区采空区稳定性和工程建设适宜性进行评价；第 7 章根据评价结果，分别从预防和治理两个角度，对已有建筑物和规划建筑物的工程技术措施进行概略性分析；第 8 章总结本书的主要成果、不足并展望今后的研究方向。

吴晓芹，张海燕，孙高众，宠成宝，王彦明，张红丽，张立，董瑞瑞，张倩，徐相燕，陈奇，王夏夏，张帆，荣君，钟举等在本书数据采集、整理分析和编写校核中做了许多工作，在此表示感谢。

受作者研究水平及时间、资料所限，书中尚存分析论证不足之处，恳请读者给予批评指正。

作者

2021 年 1 月

目　　录

1 概　论

1.1 研究背景及意义

人类文明发展对资源的天然需求是形成当前人口聚集分布的一个决定性因素。时至今日，煤炭资源仍为我国第一能源，而这种资源结构客观上造成了我国山东、山西、河南、河北、陕西、安徽等许多地方的城乡分布存在典型的资源型城市特征。对煤炭资源数百年的开采造成了资源型城市周边大范围塌陷，进而引发地表积水、耕地破坏、民房开裂、山体滑坡、植被破坏和铁路公路等公共设施等损伤。

近些年来，随着我国城镇化进程的加快，城乡结构的空间扩张是必然的需求。如何实现城市的合理化扩展是一个复杂的课题，涉及环境、人口、经济、交通等方面的诸多因素，而除通用因素外，资源型城市的扩张还面临着一个特殊的制约因素，即地表塌陷及附属的生态环境问题。

山东省是全国重要的产煤省份之一，拥有全国14个亿吨级大型煤炭基地之一——鲁西煤炭基地，其中济宁是该基地中最主要的矿区之一。济宁市煤炭资源丰富，开采历史悠久，辖区内已累计查明的煤炭资源储量为140亿t，占全省的53.8%，境内含煤面积为3 920 km^2，占辖区总面积的37.4%。近年来城市建设快速发展，2016年12月，山东省人民政府以“鲁政字〔2016〕304号”文批准实施《济宁市城市总体规划(2014—2030年)》，新规划划定的济宁中心城市区范围面积约为950 km^2，包括任城区、兖州区、邹城市、曲阜市、嘉祥县的街道和部分乡镇，规划区范围与多个煤矿矿区范围重叠。规划区内煤炭资源经多年开采，已形成面积庞大的地下采空区，随着城市建设的发展，土地资源日益紧张，煤矿采空区土地成为可持续发展的重要资源，地下采空与地上建设间的矛盾也日益尖锐。

为了缓解地下采空与地上建设间的矛盾，打造“环城生态绿带”和慢行系统，增添城市休闲新空间，逐步形成“一环八水绕济宁，十二明珠映古城”的特色水城风貌，必须突破采煤塌陷地对城市建设的制约，解决采煤塌陷地建设利用关键技术问题，实现城市建设与采煤塌陷地治理的协调统一，煤炭企业生产与城市规划建设的和谐共存。

其他资源型城市如徐州、枣庄、平顶山、邯郸等均面临相同的问题。因此，本书以山东省煤炭集聚区——济宁为例，探讨区域采煤沉陷的基本特征、采煤沉陷区建设利用评价方法及工程技术措施，一方面为实现济宁采煤塌陷地的合理建设利用提供技术支持，另一方面也为我国262座资源型城市[1]可持续发展提供技术借鉴。

1.2 国内外相关研究进展

在国外，开采沉陷区的地面沉降问题早就引起了人们的重视，有许多文献和报道介绍和讨论了废弃采煤场之上的地表沉陷问题、地基处理和建筑物保护问题。美国有 30 个州出现了废弃采空区地面沉降问题，其中地下开采量最大的宾夕法尼亚、西弗吉尼亚、肯塔基、俄亥俄和伊里诺斯等 5 个州沉陷问题最为突出；报废矿（特别是房柱式开采）的地表“活化”具有隐蔽性和长期性等特点，可能在采后几年至几十年甚至上百年才发生，也有可能“活化”后的老采空区许多年之后还会发生二次“活化”[2-3]。苏格兰一个废弃矿井关闭 118 年后发生了地面下沉破坏，造成地面建筑物损毁[4]。

为保证部分开采（如房柱式开采、条带开采）时地表的长期稳定性，许多现代采矿专家对矿柱、矿场设计方法进行了深入研究和改进，使得部分开采控制覆岩移动技术更加可靠；但许多技术落后地区和地方小矿没有严格的采矿设计，仍在大量采用老式的或不可靠的采矿方法，形成了新的老采空区沉陷隐患，并在许多地区造成了严重的采空区沉陷损害事件。

国外尤其是美国，各主要采煤州都成立了处理采空区沉陷问题的专门机构，在调查研究房柱式老采空区、地基处理等方面有比较丰富的经验[5-6]。在抗变形建筑设计方面，美国和英国采取的措施是将建筑物设计成柔性结构或刚性结构。英国 CLASP（地方专用方案协会）曾提出了一套柔性结构建筑物系统，效果较好[7]；刚性建筑是其基础通常由厚板或由厚抗剪切墙强化的混凝土排基组成，但采用刚性设计保护建筑物可能使它的造价大大增加。

对有关文献[8-11]的分析可知，国外的老采空区问题大多为针对局部开采的房柱法废弃矿区问题，研究的方法主要是调查统计方法，缺乏较深入的理论研究；采取的处理措施主要包括全部充填采空区支承覆岩、采用灌注柱法或深桩基局部支承覆岩、水诱导沉陷法等；处理后的地面主要用于开发建设居民区等。对应用长壁开采法形成的开采沉陷区的地基稳定性问题和地基处理等方面基本没有进行系统研究，也没有工程实例。

随着我国煤炭工业生产和矿区建设的发展，矿区土地资源破坏、建设用地紧张的问题日益突出，而开发利用废弃老采空区土地，对于提高矿区土地利用率、缓解矿区土地资源紧张局面是一种有效的途径。许多矿区开始了沉陷区土地资源的开发利用工作，大量文献从不同的角度对采空塌陷区稳定性进行了研究，赵国彦[12]从能量释放变化率的角度分析了金属矿采空区稳定性的问题。郭广礼等[13]基于破裂岩体的物理力学性质，推导了保证老采空区再建工程稳定的临界深度的估算公式。邓喀中等[14]研究了采空区建筑物地基-基础的协同作用机理，指出增加建筑物的刚度和重量将减小地下开采对上覆建筑物的影响。周宗红等[15]基于平衡拱理论，采用三维有限元数值模拟对跑马坪铅锌矿采空区稳定性进行了分析。赵延林等[16]建立了基于突变理论的采空区重叠顶板稳定性强度折减法，为研究采空区稳定性提供了一种新的研究途径。刘晓明等[17]应用 Surpac 建立采空区三维模型和矿区地学三维模型，构建耦合数值计算模型对采空区的围岩稳定性进行分析；汪吉林等[18-19]将概率积分法与数值模拟相结合建立了多煤层采空区的地质体三维模型。丁陈建等[20]以终采时间、沉降趋势、深厚比、构造复杂程度、上覆岩层强度、相对位置、“活化”因素等作为影响因子，建立了3层BP-NN模型，并利用模糊综合评判结果对网络模型进行训练、检验。王晖等[21]运用GIS的叠加、空间分析等功能，从地表沉陷和空洞两方面综合评判地表塌陷危险性；童立元等[22]应用有限元法研究高速公路下伏多层倾斜老采空区的变形与稳定性。此外考虑到采空区稳定性是一个包含地质、采矿多种因素的动态系统问题，汪吉林等[23]、王新民等[24]采用模糊综合评判的方法对采空区稳定性进行定量的评价。杨扬等[25]利用层次分析法对采空区的稳定性进行了分析。宫凤强等[26]运用熵确定指标权重，结合未确知测度理论对采空区的稳定性进行了分析。此外，模糊物元法、灰色聚类分析、人工神经网络、支持向量机、协同论、可拓方法等大量的非线性理论方法都应用于采空区稳定性评价[27-36]。

采空区地基稳定性评价工作是通过分析新建建(构)筑物时新增荷载对采空区及覆岩影响程度的问题，确定采空区地表在新增荷载作用下是否会产生大的不均匀沉降或突然陷落性沉陷，以此评价地基的稳定性。地表剩余变形预计法根据老采空区剩余变形值进行稳定性评价，我国应用最广泛的、最具代表性的预计法是概率积分法。剩余变形预计法简便明了，通常被用于老采空区稳定性的初步判断分析，李亮等基于采空区岩层结构特征，给出了极限剩余变形量的计算方法[37]，崔希民等提出了一种长壁采空区残余沉降持续时间及残余沉降系数的计算原则[38]。综合评价法的关键是确定垮落断裂带高度和建筑物荷载的影响深度。张永波[39]研究了建筑物荷载大小、相对位置及老采空区深厚比、松散层厚度等对建筑物地基稳定性的影响，提出以“临界采深采厚比”作为判别老采空区建筑地基稳定性的依据；马金荣等[40]分析研究了地下水、地震、煤柱失稳、地质构造和地表建筑等因素对建筑场地稳定性的影响；滕永海等[41]提出了以建筑物荷载影响深度与采空区垮落断裂带发育高度不相互重叠来确定建筑物的层数，指出建筑物设计时应适当考虑老采空区“活化”可能产生的残余变形；王永申等[42]分析了采空区煤柱、断层、再生岩层和采空区残余变形等因素的不同分布特征对建筑地基稳定性影响；王明立等[43]详细分析了地基主要受力层与老采空区断裂带的空间关系、采煤沉陷区稳定时间和残余移动变形对地基稳定性的影响；张俊英[44]通过相似材料模拟试验，研究了部分开采和全部开采条件下的采空区在地表新增荷载后，采空区上覆岩层内应力和地表附加沉降的变化规律；冯旭海[45]提出了采空区系统的概念，从时间、空间和外部影响3个方面对采空区稳定性进行了理论分析，对煤柱、覆岩、底板、地表变形、上部荷载等对采空区系统的影响进行了量化分析和稳定性评价，并给出了评价路线和标准。

综上所述，国内针对采煤塌陷地的稳定性评价及利用技术开展了大量的研究，取得了丰硕的科研成果，发布了相关国家标准[46]，成功地在采煤塌陷地上方进行了电厂、选煤厂、水泥厂、炼钢厂、办公大楼、焦化厂、公路、木厂、仓库、宿舍及居民楼、学校、铁路等设施的建设。

但是，与已有成果相比，济宁采煤塌陷地存在沉陷范围广、持续时间长、埋藏深度变化大、表土层厚度不均匀等诸多特殊性，在进行济宁采煤塌陷地建设利用时，需针对采煤塌陷地问题开展针对性的科学研究，得到适用于本区域的采煤塌陷地稳定性及建设利用适宜评价结论，指导区域采煤塌陷地的合理建设利用规划。

1.3 研究内容与研究目标

1.3.1 研究内容

根据国内外研究现状，结合济宁采煤塌陷地建设利用需求，本书在对区域各矿井开采情况、岩层结构、地表移动变形监测等资料收集并分析研究的基础上，利用 InSAR 遥感解译、矿山地质环境调查、物探、钻探及岩石力学试验等工作手段，开展采空区稳定性评价工作，依据稳定性评价成果结合城市规划功能分区完成采空区适宜性评价工作，为城市规划区内土地资源的开发利用提出合理化建议。研究内容如下。

(1) 采煤塌陷地开采沉陷评价方法研究

以实测数据为基础，综合分析济宁采煤塌陷区的地质采矿条件、地表沉陷监测资料，确定不同条件下地表采煤塌陷的呈现形式及发展过程，提出适用于本区域的开采沉陷计算方法及参数体系，准确掌握各矿井开采影响期地表移动变形规律，为结合矿井开采规划评价区域地表沉陷状态提供可靠技术手段。

(2) InSAR 开采沉陷监测与采空区稳定性评价技术研究

针对济宁采煤塌陷地范围大、沉陷周期长、传统监测手段难以全面覆盖的问题，探求基于 InSAR 技术的高精度和大覆盖面积的采煤塌陷地调查与采空区稳定性评价技术，采用 D-InSAR 和时序分析(SBAS)两种不同的方法进行解译，查明评价区内采煤塌陷地分布范围及塌陷深度等情况，通过时序分析技术研究评价区内塌陷地发展演化，为初步确定老采空区的残余变形提供了基础依据。

(3) 采空区覆岩结构状态探测分析

在对区域地质采矿条件进行综合分析的基础上，选择典型区域，采用物探、钻探和测井等勘查方法，查明区域上覆岩层“三带”发育高度或留设煤(岩)柱完整性。利用岩石力学测试工作手段，获取采空区顶底板或煤(岩)柱岩石力学参数，优化本区的“三带”发育高度计算公式。

(4) 融合多源数据的老采空区残余变形计算方法研究

在对多种手段获取的不同类型采空区地表已有沉陷数据全面分析及上覆岩层结构准确把握的基础上，分别确定长壁采空区、条带采空区和充填采空区的极限残余变形计算方法及参数体系，掌握各区域仍可能产生的采煤塌陷移动变形量，为准确评估采煤塌陷地建设利用可行性提供基础数据。

(5) 济宁采煤塌陷地采空区稳定性及工程建设适宜性评价

在上述研究成果的基础上，根据国家相关标准、规范的规定，结合济宁区域的地质地貌特征，确定适用于济宁采煤塌陷地采空区的稳定性及工程建设适宜性评价因子，构建采空区稳定性及工程建设适宜性评价方法。

1.3.2 研究目标

以采煤塌陷地建设利用为目标，确定济宁采煤塌陷地不同开采沉陷阶段地表移动变形计算方法，查明采空区上覆岩层结构，确定适用于济宁的采空区稳定性及工程建设适宜性评价因子，构建采空区稳定性及工程建设适宜性评价方法，评价济宁采煤塌陷地建设利用现状及发展趋势，为城市规划提供决策支持。

1.4 研究方法与技术路线

根据确定的研究内容和预期目标，拟采用资料收集、现场实测、数值模拟、理论分析、对比研究等方法进行研究。具体研究方案如下。

(1) 采煤塌陷地开采沉陷评价方法研究

济宁市城市规划区从东向西煤层埋藏深度逐步变深，从不到 100 m 变化到超过 1 300 m；表土层厚度从几十米加厚到超过 300 m。煤层厚度变化范围从近 1 m 到超过 6 m。开采工艺包括长壁开采、条带开采、充填开采等形式。因此，丰富的地质采矿条件为研究开采沉陷规律变化提供了基础条件。

首先收集济宁市城市规划区影响范围内各矿历史存档开采沉陷观测资料，通过对原始观测资料的分析和整理，得到开采引起的地表沉陷过程，采用概率积分法参数和角量参数定量表达开采影响期的塌陷地形成过程。

通过对地质采矿条件的正交试验分类组合，分析已有观测资料中存在的不足之处或未获取有效观测数据的区域，补充野外观测工作，获取覆盖研究区域全部条件的第一手观测资料。

通过对已有资料及新采集资料的分析处理，最终得到一套完整的、可反映研究区域所有工况的开采影响期采煤塌陷地形成及演化过程表达方法和参数体系。

(2) 老采空区残余变形规律实测研究

传统的开采沉陷研究偏重于开采影响期的地表塌陷过程，而土地建设利用更关注于当前地块后续仍将产生多少塌陷。大量实测资料表明，达到规范中定义的稳沉状态的采煤沉陷区仍将产生长时间的残余变形。

根据 2018 年 7 月至今已获取的典型区域地面实测残余变形数据，结合该时段内 SAR 影像数据解译结果，联合井下工作面地质采矿数据，初步分析该区域不同地质采矿条件下，不同停采时间对应地表残余变形的差异性。

分析已有监测方法及监测数据的优点及不足之处，针对性地制订塌陷区残余变形监测方案，研究空天地不同类型观测数据有效融合方法，对不同岩层结构，开采工艺，停采时长塌陷区的持续观测数据的分析整理，获取残余变形期塌陷地演化过程及其对应的表达方法。

(3) 开采扰动区岩层结构随时间推进演化机理研究

在已有的地表观测数据、原始地层结构钻孔数据、不同工况老采空区上覆岩层结构钻孔数据的基础上，辅助一定的物理勘探数据，从不同维度获取全面的采空区上覆岩层结构变化特征，构建济宁采煤塌陷地覆岩破坏结构表达方法。

(4) 塌陷区动态演化过程中土地使用类型适用性研究

首先查阅规范、规程、标准等相关文献，明确土地建设利用的具体要求和适宜的评价因子，确定各种土地利用类型中对应的因子及权重，构建采空区稳定性及工程建设适宜性评价方法，评价济宁采煤塌陷地建设利用现状及发展趋势。

研究的技术路线如图 1-1 所示。

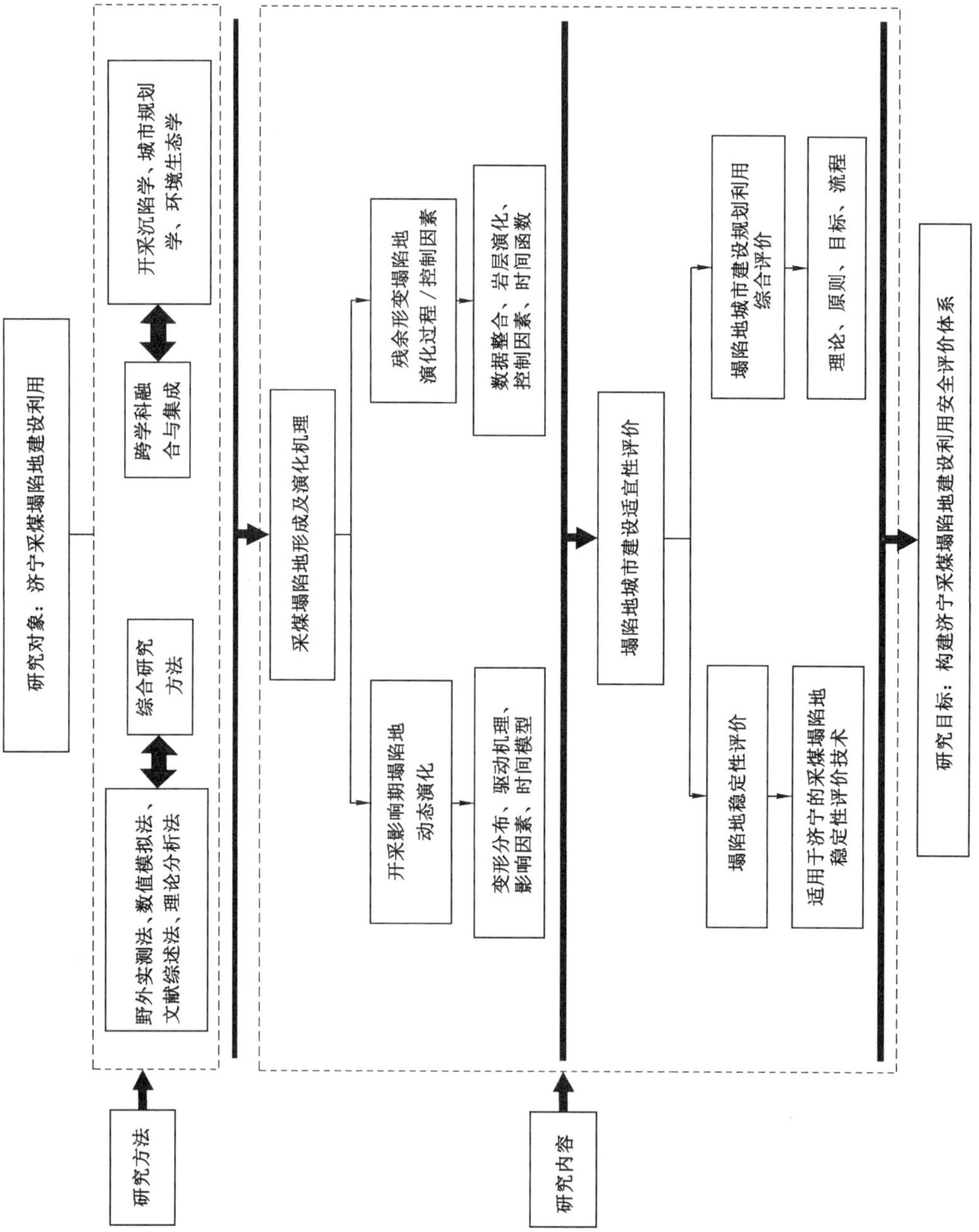
研究对象：济宁采煤塌陷地建设利用
研究方法
野外实测法、数值模拟法、文献综述法、理论分析法
综合研究方法
跨学科融合与集成
开采沉陷学、城市规划学、环境生态学
研究内容
采煤塌陷地形成及演化机理
开采影响期塌陷地动态演化
变形分布、驱动机理、影响因素、时间模型
残余形变塌陷地演化过程/控制因素
数据整合、岩层演化、控制因素、时间函数
塌陷地城市建设适宜性评价
塌陷地稳定性评价
适用于济宁的采煤塌陷地稳定性评价技术
塌陷地城市建设规划利用综合评价
理论、原则、目标、流程
研究目标：构建济宁采煤塌陷地建设利用安全评价体系

图 1-1 研究的技术路线

2 研究区概况

2.1 研究区建设规划概况

2014 年 10 月 10 日，山东省人民政府正式批复同意济宁市对《济宁市城市总体规划》进行修改。2016 年 4 月 21 日，《济宁市城市总体规划（2014—2030 年）总体纲要》通过专家评审。2016 年 12 月 27 日，山东省人民政府以“鲁政字〔2016〕304 号”文批准实施《济宁市城市总体规划（2014—2030 年）》，新规划划定的城市规划区范围包括任城区、兖州区、邹城市、曲阜市、嘉祥县的街道和部分乡镇。

城市规划区用地发展方向为东融、西拓、南兴、北延、中优。东中西五区协同一体发展、南北新老城打造品质生活。东部：从现有老城区向东发展，推进高新区转型、任兖一体化战略；任城区与兖州区通过高新区的建设，以交通网络联系为重点，逐步实现融合发展。西部：城市向西跨越煤矿采空区，重点发展经济开发区，逐步实现经济开发区与嘉祥城区的一体化发展。南部：以太白湖新区为主体，加强太白湖与接庄街道、石桥镇的联系，重点进行环湖地区的开发建设。北部：合理利用经地质勘探确定可开发建设的区域，注意高铁站区域与周边乡镇的一体化建设。中部：优化现有老城区空间，强化综合服务职能，改善城市环境，打造精致城市。

中心城区形成“一环二轴多中心”的城市空间格局。“一环”即以外围湿地、农田、河湖、水系等构筑的生态绿环，凸显生态本底、改善城市环境；“二轴”即东西和南北向两条城市发展主轴，东西轴线联系经济开发区、任城区、太白湖新区、高新区等主要组团，南北轴线联系济北、老城区、太白湖新区等组团；“多中心”即在轴线上串联的各组团中心，包括三大主中心，即老城中心、太白湖中心、高新区中心，共同构筑中心城区的主要发展核心。副中心包括经济开发区中心、安居中心、任城老城中心、高新区中心、兖州新城中心、兖州老城中心等。至 2020 年，中心城区城市建设用地为 280 km^2，人均用地为 110 m^2。

本次城市总体规划区面积为 950 km^2，考虑评价区内现阶段唐口煤矿主采煤层埋深最大，依据唐口煤矿储量核实报告中采用的留设城市保护煤柱采用的移动角，第四纪、侏罗纪、煤系地层分别按 35°、55°和 75°下切，估算采空区影响范围为 711.6 m，取整确定以城市规划区范围外推 800 m 作为评价区范围，面积为 1 077 km^2，评估区的范围如图 2-1 所示。

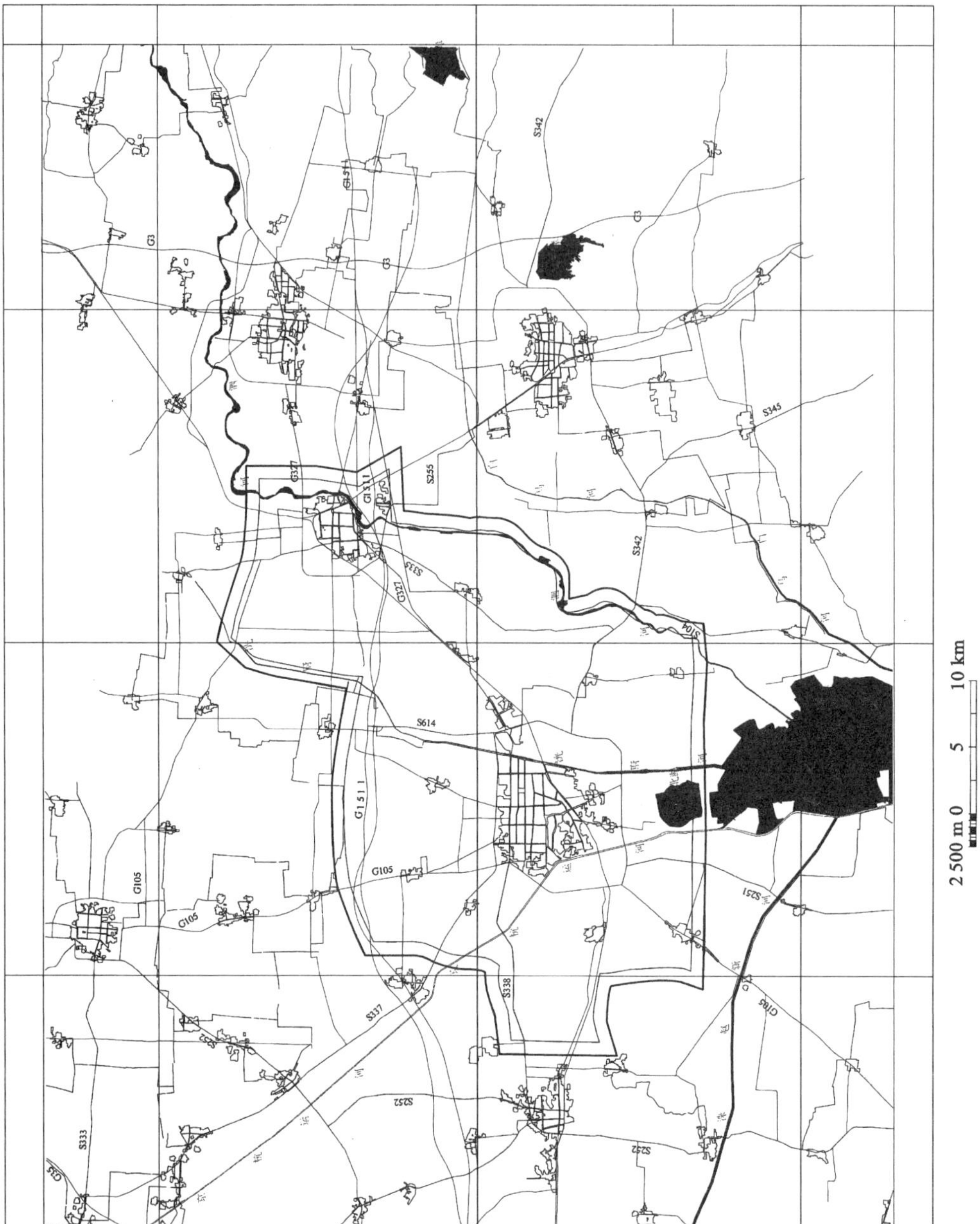

图 2-1 城市规划区及评估区范围示意图

2.2 研究区煤矿开采概况

评价区主要涉及济宁煤田、兖州煤田和宁阳—汶上煤田三大煤田。1957 年后，原山东省煤炭工业局、华东煤田地质勘探局等地勘单位在区内先后完成了煤田普查和详查等勘察工作。此后依据各煤田内煤层赋存条件、断裂构造等基本情况，将各煤田划分为不同井田并完成了各井田的精查工作。

评价区内煤矿众多，据调查评价区涉及煤矿采矿权 23 个。兖州煤田的开采历史要早于济宁煤田和宁阳—汶上煤田，兖州煤田兴隆庄煤矿为最早投产煤矿，投产时间为 1981 年。济宁煤田安居煤矿为最晚投产煤矿，投产时间为 2015 年。按照生产规模划分，除了何岗煤矿和太平煤矿为小型煤矿之外，其余煤矿均为大型、中型煤矿（图 2-2）。经统计，评价区与煤矿矿区重叠面积约为 559.36 km^2，占评价区总面积 51.9%，评价区与各煤矿的井上下对应关系如图 2-3 所示。

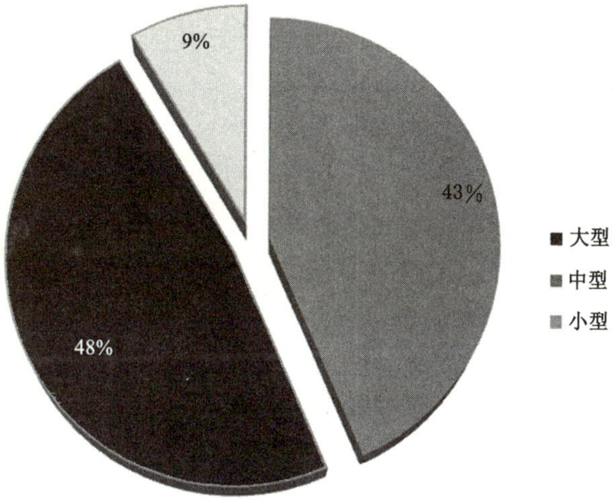

图 2-2 评价区涉及煤矿规模分类饼图

截至 2020 年 12 月，调查区内涉及 19 个煤矿共计 2 058 个工作面（表 2-1），工作面面积为 98.68 km^2，采空区埋深为 170～1 200 m，开采煤层厚度为 0.8～10.2 m。

表 2-1 2020 年调查区内矿区工作面统计表

序号	煤矿名称	工作面数量/个	工作面面积/km^2
1	安居煤矿	36	1.58
2	鲍店煤矿	71	6.40
3	岱庄煤矿	273	9.65
4	单家村煤矿	69	1.18
5	济二煤矿	158	16.33
6	葛亭煤矿	127	2.20

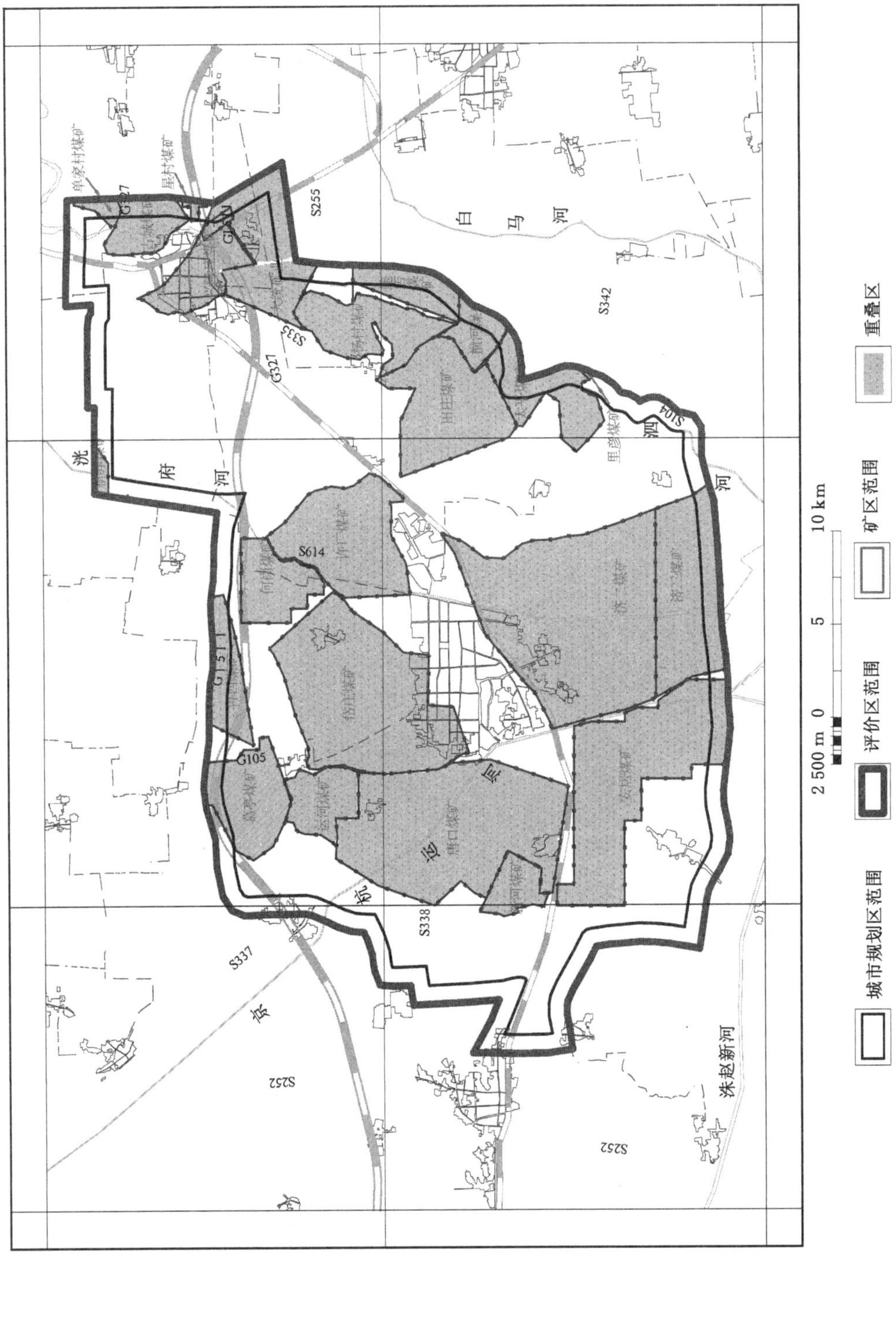

图 2-3　评价区与矿区范围重叠示意图

表 2-1(续)

序号	煤矿名称	工作面数量/个	工作面面积/km^2
7	古城煤矿	73	2.02
8	何岗煤矿	90	2.13
9	横河煤矿	78	1.98
10	济三煤矿	77	11.19
11	太平煤矿	98	4.26
12	唐口煤矿	98	7.20
13	田庄煤矿	104	8.28
14	新河煤矿	43	0.70
15	兴隆庄煤矿	60	3.92
16	许厂煤矿	166	6.61
17	杨村煤矿	169	7.96
18	杨庄煤矿	188	1.78
19	运河煤矿	80	3.31
合计		2 058	98.68

调查区内各矿山以开采 3 煤、$3_上$ 煤、$3_下$ 煤为主，其他还包括 2 煤、$15_上$ 煤、16 煤、$16_上$ 煤、17 煤。各矿山中岱庄煤矿采空工作面数量最多，为 273 个，济二煤矿工作面面积最大，为 16.33 km^2(图 2-4 和图 2-5)。

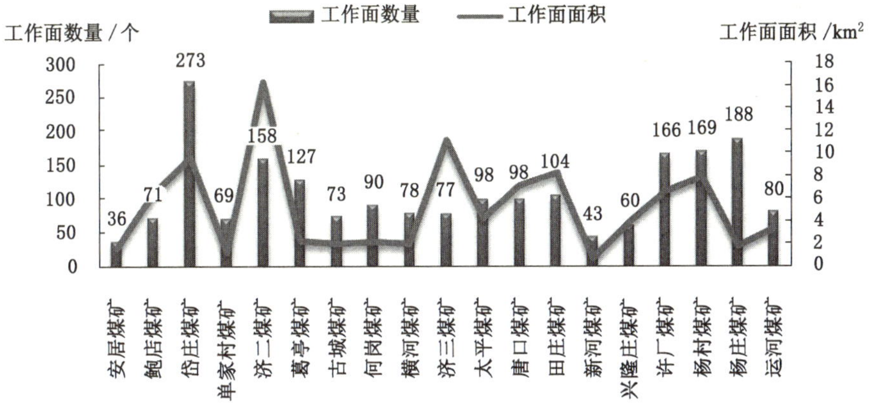

图 2-4　2020 年调查区内工作面统计图

按照《山东省采煤塌陷地认定指导意见》(鲁煤搬迁〔2017〕18 号)认定标准:“采煤沉陷是地下煤炭资源开采后，因岩层移动波及至地表，造成地面地形发生变形，原有的性状、利用功能等发生改变的地质现象，该变形区域称为采煤沉陷区”“采煤塌陷地是指采煤沉陷区内因地下煤炭开采导致减产和绝产的农用地以及受影响的建设用地和未利用地”，结合山东省

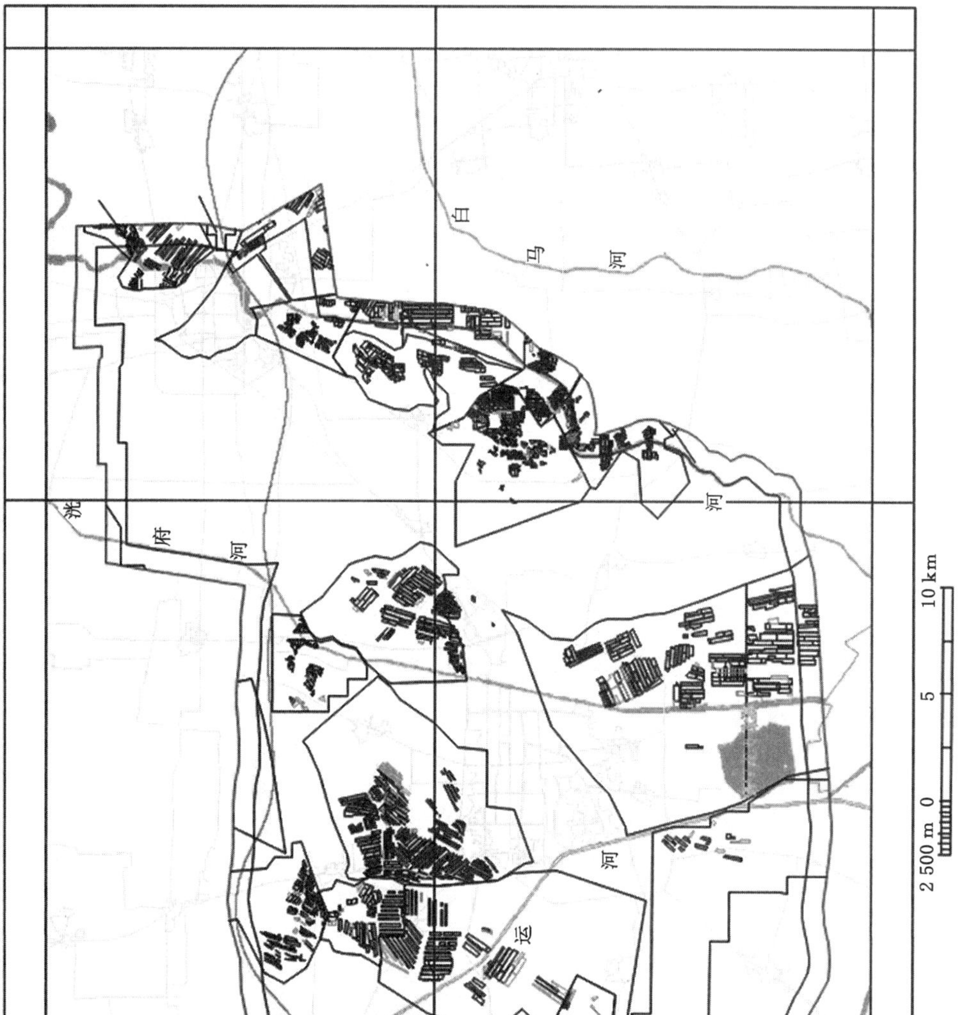

图 2-5 2020年调查区内工作面分布情况示意图

采煤塌陷地综合治理工作协调小组办公室文件《关于济宁市采煤塌陷地治理工作委员会办公室采煤塌陷地认定问题有关情况的批复》(鲁煤综治〔2017〕7 号)文件内容:"将因采煤导致地表垂直下沉幅度超过 10 mm 的区域认定为采煤沉陷区,采煤沉陷区范围内因地表下沉造成的减产、绝产农用地和受影响的建设用地以及未利用地认定为采煤塌陷地""南四湖周边区域下沉幅度不超过 100 mm,其他区域下沉不超过 300 mm 农业生产基本不受影响的农用地,不再作为减产地。将环南四湖周边矿区(涉及 27 对矿井)塌陷深度超过 100 mm、其他区域塌陷深度超过 300 mm 的农用地认定为减产农用地"。

通过对以往资料收集分析,结合 InSAR 遥感解译成果以及野外调查验证综合确定,截至 2020 年年底,调查区内采煤沉陷区面积为 219.18 km^2,塌陷地面积为 154.52 km^2,约占沉陷区面积的 70%。各煤矿采煤沉陷区及塌陷地面积见表 2-2。

表 2-2 2020 年预计各煤矿采煤沉陷区及塌陷地面积一览表

序号	煤矿名称	塌陷地面积/km^2	沉陷区面积/km^2
1	安居煤矿	2.00	6.07
2	鲍店煤矿	7.32	9.17
3	岱庄煤矿	17.03	27.56
4	单家村煤矿	1.66	2.01
5	葛亭煤矿	5.80	8.64
6	古城煤矿	4.20	7.56
7	何岗煤矿	3.96	5.10
8	横河煤矿	3.71	4.46
9	济二煤矿	22.90	28.15
10	济三煤矿	16.62	18.11
11	太平煤矿	3.77	6.75
12	唐口煤矿	18.80	25.50
13	田庄煤矿	6.95	13.14
14	新河煤矿	2.01	3.75
15	兴隆庄煤矿	6.30	8.23
16	许厂煤矿	10.45	15.70
17	杨村煤矿	11.65	13.47
18	杨庄煤矿	3.76	5.63
19	运河煤矿	5.63	10.18
合计		154.52	219.18

2.3 研究区自然地理及社会经济概况

2.3.1 位置与交通

评价区位于山东省南部的济宁市,区内交通条件便利,现已形成铁路、公路、水路及航空交通网络，京沪铁路、京福高速公路和104、105国道纵贯南北，新(乡)—石(臼所)铁路、日菏高速公路和327国道横穿东西；省市各级公路纵横交错，四通八达。京杭运河与南四湖构成水上运输线，可直达苏、杭，济宁机场民航班机可直飞京、广等地。

2.3.2 气象与水文

2.3.2.1 气象

本区属暖温带半湿润季风气候区，四季分明。春季多风，气候干燥；夏季炎热，降水集中，湿度大；秋季气温急降，降水较少；冬季低温寒冷，干旱少雪。年际间易表现为春旱夏涝，晚秋又旱的气候特点。

本区多年平均降水量为669.4 mm(1980—2018年)，如图2-6所示。降水时间分布不均，主要集中在夏季，其他季节降水稀少。多年平均湿度为68%。区内光热条件充沛，多年平均气温为13.6 ℃，极端最高气温为43.1 ℃，最低气温为−22.3 ℃。年光照时间为2 407.7 h，无霜期为199 d。年平均风速为3.0 m/s。

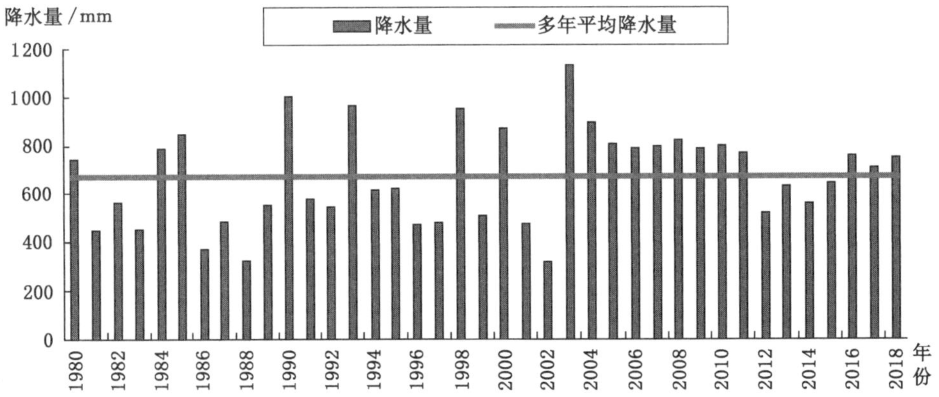

图2-6 济宁市多年降水量柱状图

2.3.2.2 水系

境内水系较为发育，均属淮河流域南四湖水系，中部京杭运河贯穿南北，其他河流走向受地形制约呈放射状由周边向区内中南部京杭运河及南四湖一带汇集，流域面积为50 km^{2}以上的河流有91条，大的河流有京杭运河、泗河、洸府河；发达的地表水系对区内防洪涝、灌溉和调节补给地下水资源发挥着巨大作用。

2.4 研究区地质环境条件

2.4.1 地层岩性

济宁地层隶属于华北地层大区鲁西地层分区，评价区内地层的分布、岩相、厚度明显受构造控制，地层发育比较齐全。评价区出露地层均为第四系，隐伏地层有奥陶系马家沟组、石炭-二叠系月门沟群、二叠系石盒子组、侏罗系淄博群三台组，按其地质时代由老到新分述如下。

(1) 奥陶系马家沟组

在嘉祥、邹城南部有零星出露，嘉祥东北部、邹城西南部、兖州西部均隐伏于第四系之下，其他均为埋藏型。仅发育中下统，厚 450～750 m。岩性主要由厚层灰色灰岩、豹皮灰岩、薄层灰黄色泥质灰岩及灰白色白云质灰岩等组成。

(2) 石炭-二叠系月门沟群

除在曲阜八宝山有零星出露外，主要隐伏于中西部第四系之下，不整合于奥陶系之上。岩性为灰色、紫红色页岩、砂岩、泥岩夹中厚层状灰岩。

评价区内主要有本溪组、太原组及山西组。

本溪组：厚度为 30～58 m，平均厚度约为 47 m。主要由杂色、灰绿色铝质泥岩、铝铁质泥岩组成，上部偶夹薄煤层，但无经济价值。底部为一层以浅灰色为主、夹紫红等色的铝、铁质泥岩（相当于 G 层铝土岩和山西式铁矿层），为本组重要标志层。与下伏奥陶系呈假整合接触。

太原组：厚 140～210 m，平均厚度约为 168 m，太原组岩性以黑色粉砂岩、页岩为主，含煤 15～21 层，可采或局部可采，以三灰、十灰最为稳定，是主要标志层。以最下部一层灰岩（十三灰）底板与本溪组为界，与下伏地层为整合接触。

山西组：厚 60～115 m，局部有剥蚀现象，平均厚度约为 87 m，主要由浅灰、灰白色中、细粒砂岩及灰黑色粉砂岩、泥岩和煤层组成。砂岩含量较高，含煤 4 层（1、2、$3_{上}$、$3_{下}$），3 煤层（含 $3_{上}$、$3_{下}$）厚度大，储量丰富，为本区主采煤层。本组底部普遍发育一层具浑浊状层理及生物搅动构造的粉、细砂岩互层，是山西组煤层对比的重要标志。本组与下伏太原组为连续沉积，呈整合接触，以底部的粉、细砂岩互层或细砂岩与下伏太原组分界，与下伏地层为整合接触。

(3) 二叠系石盒子组

隐伏于兖州区南、邹城市西、济宁市区北及南四湖周边地区。最大残厚 382 m，平均约为 300 m。大部分地区均有保留，为陆相河流-湖泊沉积。主要由黄绿、灰、紫红等杂色泥岩、粉砂岩及灰绿色砂岩组成，属干热条件下的河流、湖泊相沉积。泥岩占 50%以上，中部泥岩含量最大，其顶部含较多的厚层砂岩，底部发育一层铝土岩（即 B 层铝土岩），质不纯，常相变为铝质泥岩。铝土岩之下为一层浅棕红色厚层状中、粗粒长石、石英砂岩，较稳定，与 B 层铝土岩组成独特的标志层段。对比清楚，层位可靠。与下伏地层呈整合接触。

(4) 侏罗系淄博群三台组

隐伏于第四系之下，分布范围包括曲阜市时庄镇、陵城镇，邹城市中心店镇和平阳寺镇，济宁市城区及城南的安居镇、唐口镇等地。最大残厚 680 m，平均约为 390 m。按岩性分为上、下两个亚组。上亚组主要由灰、深灰至灰绿色粉、细砂岩互层组成，夹泥岩。下亚组主要为一套紫灰色、暗紫色和紫红色中、细粒砂岩，夹粉砂岩和泥岩。该亚组的中、上部有一层辉长岩侵入体，呈岩床状。本组地层与下伏地层呈不整合接触。

(5) 古近系

仅分布于调查区东北角汶泗断块凹陷地带，隐伏于第四系之下，岩性为紫红色砂岩，粉砂岩、砾岩。

(6) 第四系

广泛分布于全区，岩性为黄褐色、棕黄色、灰绿色黏土、粉质黏土及黄色、黄褐色中、粗或中细砂等，不整合于其他地层之上。调查区内第四系厚 108～267 m，平均约为 210 m。

2.4.2 地形地貌

济宁市属鲁南泰沂低山丘陵与鲁西南黄淮海平原交界地带，地质构造上属华北地区鲁西南断块凹陷区。评价区地貌属于鲁西北堆积平原区，全区地形以平原洼地为主，跨冲积洪积平原和冲积湖积平原两个亚区，评价区北部位于汶泗冲积洪积扇的中下游，区内地形平坦，村庄稠密，地面标高＋35.5～＋38.2 m，相对高差 2.7 m，东北部地势略高，西南部略低。区内主要土壤为潮土类，由汶泗河冲洪积物多次沉积而成，现状地物主要为耕地、林地，上覆植被有小麦、法桐等。

3 基于实测数据的采煤塌陷地开采沉陷评价方法研究

3.1 各矿已有观测站资料概述

收集整理了各矿历史以来的存档观测数据，从中提取出有效的观测值或观测成果，进行标准化汇总，汇总后的有效观测数据如下。

(1) 岱庄煤矿

岱庄煤矿采深 400 m 左右，采厚 3 m 左右，开采方法以综合机械化采煤，垮落式顶板管理方法为主。

经过对已有观测数据的总结，岱庄煤矿地表移动计算参数可采用加权平均值，确定的计算参数如下。

下沉系数：$q=0.92$(全采)；$q=0.47$(窄工作面)；$q=0.24$(条带开采，采出率 50%)。

主要影响角正切值：$\tan\beta=1.68$(全采)；$\tan\beta=1.49$(窄工作面)；$\tan\beta=1.58$(条带开采，采出率 50%)。

开采影响传播角：$\theta=89°$(全采)；$\theta=85.6°$(窄工作面及条带开采)。

水平移动系数：$b=0.24$。

(2) 葛亭煤矿

葛亭煤矿早期主要进行了 1301 工作面开采引起的地表移动变形观测，1301 工作面采用倾斜长壁后退式综采放顶煤方法开采，工作面走向长 870 m，斜向宽约 152 m，开采厚度为 8.07 m，平均表土层厚度为 258 m，平均采深 330 m。观测线布置如图 3-1 所示。

(3) 济二煤矿

济二煤矿主要进行了 3305 工作面开采引起的地表移动变形观测，3305 工作面采用走向长壁后退式综采放顶煤方法开采，工作面走向长 1 641 m，斜向宽 209 m，开采厚度为 5.4 m，平均表土层厚度为 196 m，平均采深 737 m。观测线布置如图 3-2 所示。

(4) 唐口煤矿

唐口煤矿进行了 1301、1302、1303、1304、1305、2307、2310、2301、2311 等工作面开采引起的地表移动变形观测，1301 工作面采用走向长壁后退式综采放顶煤方法开采，工作面走向长 1 320 m，斜向宽 215 m，开采厚度为 3.0 m，平均表土层厚度为 221 m，平均采深 1 010 m。1302 工作面采用走向长壁后退式综采放顶煤方法开采，工作面走向长 1 560 m，斜向宽 210 m，开采厚度为 3.67 m，平均表土层厚度为 223 m，平均采深 960 m。1304 工作

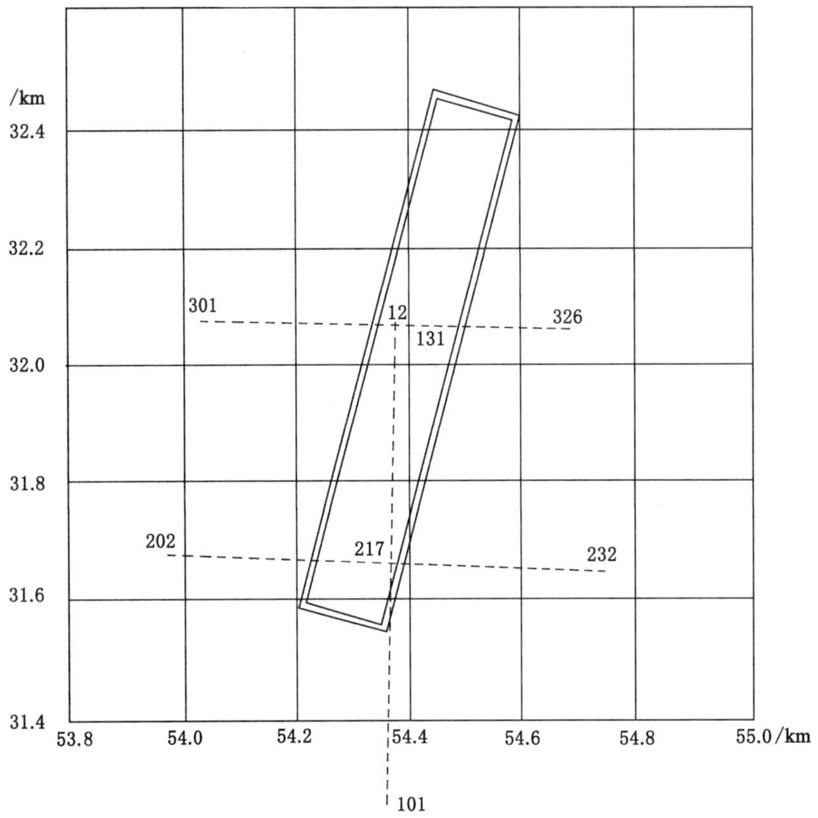

图 3-1　葛亭煤矿观测站布置示意图

面采用走向长壁后退式综采放顶煤方法开采，工作面走向长 1 457 m，斜向宽 107～153 m，开采厚度为 4.97 m，平均表土层厚度为 219 m，平均采深 910 m。1305 工作面采用走向长壁后退式综采放顶煤方法开采，工作面走向长 1 540 m，斜向宽 130～140 m，开采厚度为 3.45～6.5 m，平均表土层厚度为 219 m，平均采深 920 m。2307 工作面采用走向长壁后退式综采放顶煤方法开采，工作面走向长 1 320 m，斜向宽 210 m，开采厚度为 3.48～3.75 m，平均表土层厚度为 203 m，平均采深 870 m。2301 工作面采用走向长壁后退式综采放顶煤方法开采，工作面走向长 1 485 m，斜向宽 120 m，开采厚度为 3.41 m，平均表土层厚度为 203 m，平均采深 1 000 m。观测线布置如图 3-3 所示。

(5) 田庄煤矿

田庄煤矿主要进行了 2603 工作面开采引起的地表移动变形观测，2603 工作面采用走向长壁后退式综合机械化开采，工作面走向长 700 m，斜向宽 240 m，开采厚度为 1.29 m，平均表土层厚度为 160 m，平均采深 240 m。

(6) 运河煤矿

运河煤矿主要进行了 8308、8309、8310 和 8303 工作面开采引起的地表移动变形观测，8308 工作面采用走向长壁后退式综合机械化开采，工作面走向长 1 091 m，斜向宽 120 m，

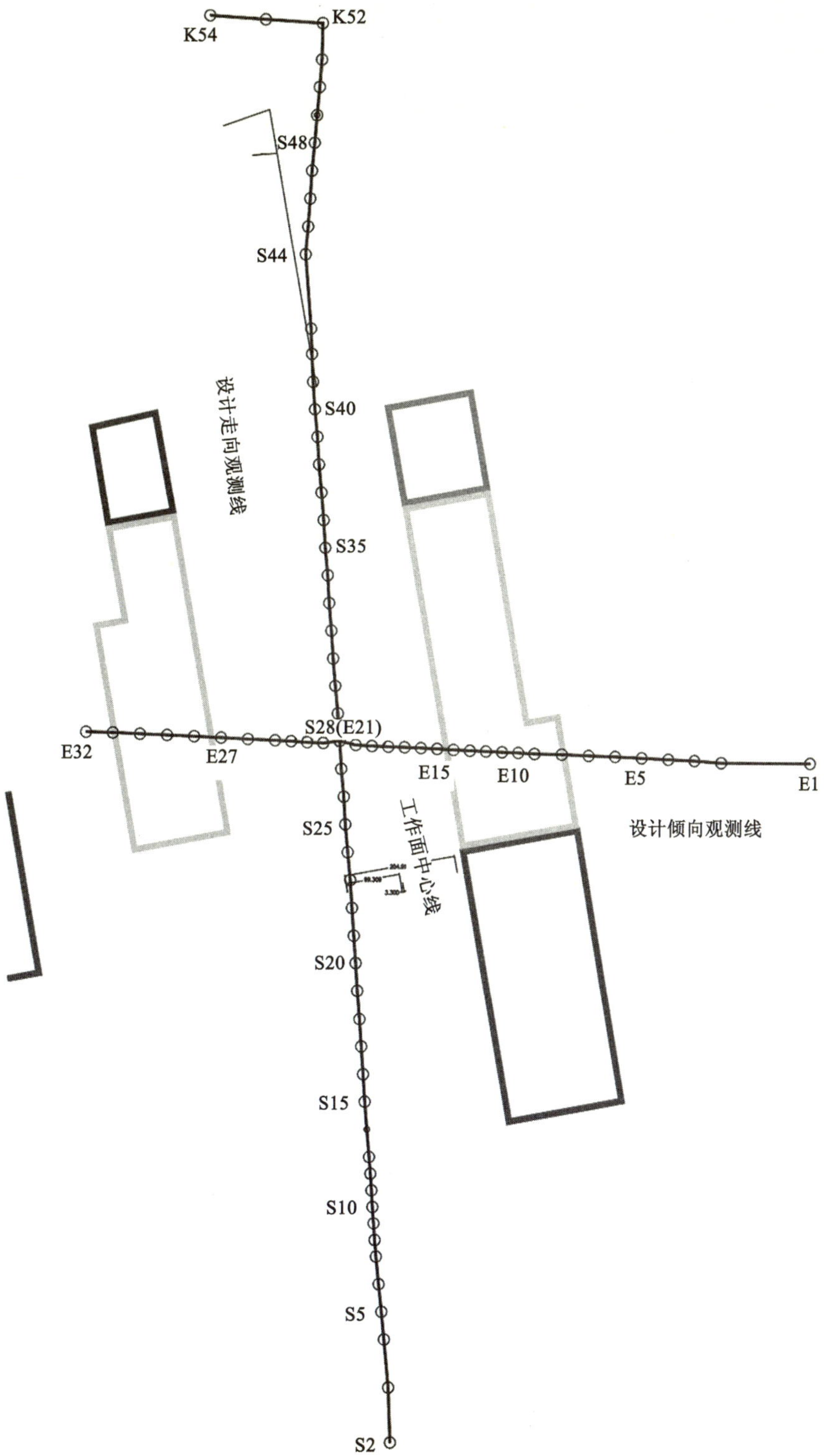

图 3-2 3305 工作面观测站布置示意图

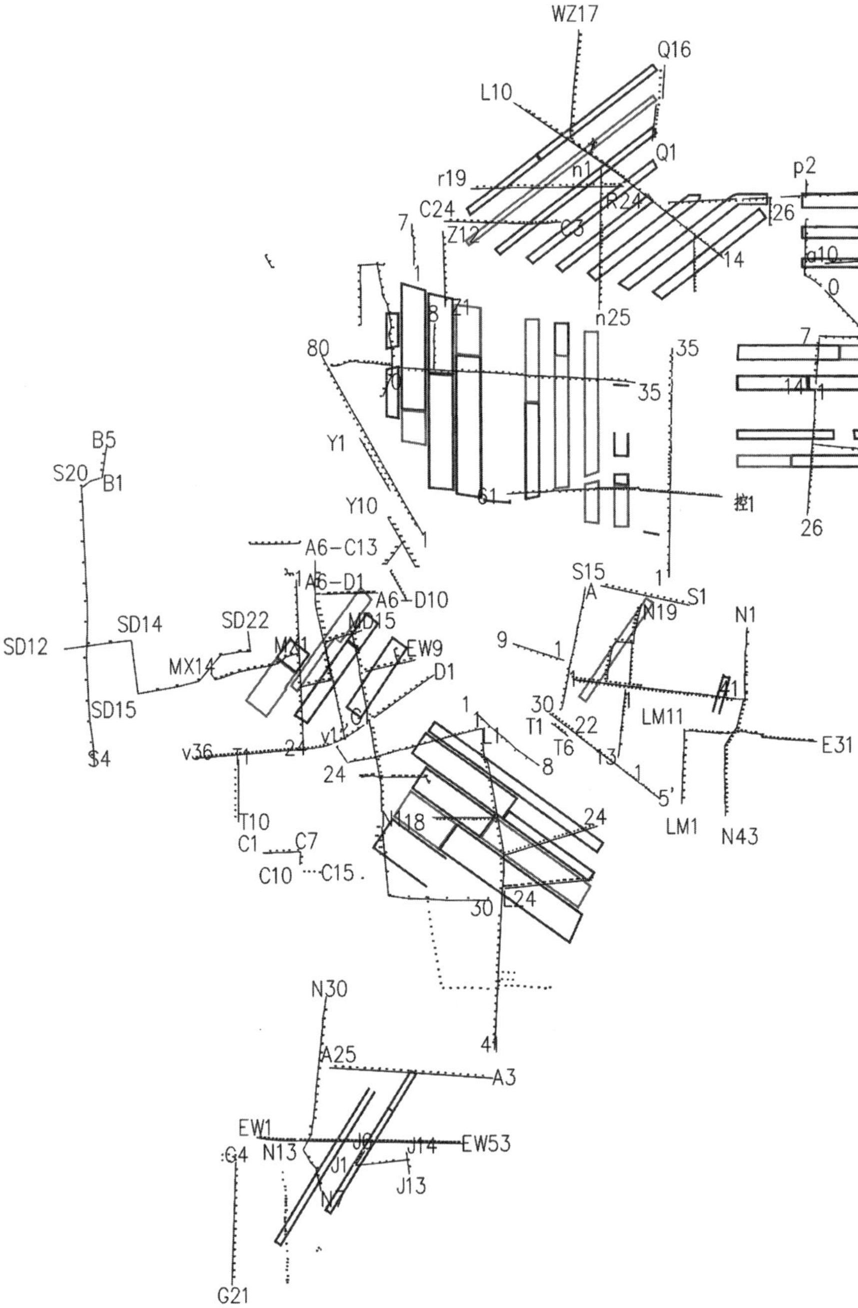

图 3-3　唐口煤矿工作面观测站布置示意图

开采厚度为 2.9 m，平均表土层厚度为 218 m，平均采深 758 m。8309 和 8310 工作面采用走向长壁后退式综合机械化开采，工作面走向长分别为 1 005 m 和 840 m，斜向宽分别为 84 m 和 80 m，开采厚度为 2.8 m，平均表土层厚度为 218 m，平均采深 760 m。8303 工作面采用倾向长壁后退式综合机械化开采，工作面走向长 1 127 m，斜向宽 80 m，开采厚度为 3.5 m，平均表土层厚度为 218 m，平均采深 863 m。观测站的布置情况如图 3-4 所示。

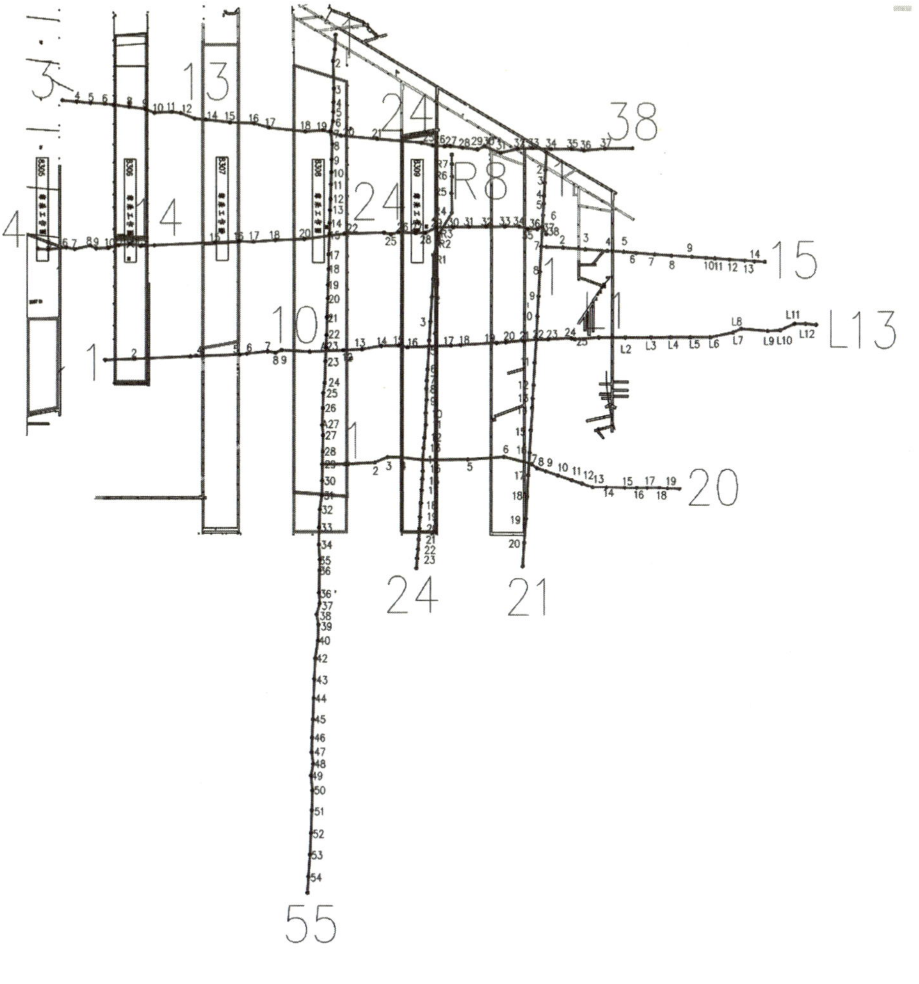

图 3-4 运河煤矿 8308、8309、8310 工作面观测站布置示意图

(7) 安居煤矿

安居煤矿具有完整观测数据的工作面为 2313 工作面，2313 工作面开采 $3_{上}$ 煤，采用长壁采煤方法，全部垮落法管理顶板，井底水平标高 −940 m，位于二采区。本区地面标高 +36.0～+38.0 m、平均 +37.0 m；工作面标高 −985～−1 038 m，平均 −1 011.5 m，采深 1 021～1 076 m，平均约为 1 049 m；工作面走向长 1 025 m，倾向长 220 m。$3_{上}$ 煤厚度为

2.2～3.4 m，平均为 2.78 m，煤层结构较简单，煤层倾角为 2°～9°，平均为 4°。煤层厚度稳定，结构简单，具条带状结构，层状构造，$f=2.8$。本工作面煤层总体赋存形态为倾向东南，局部煤层走势略有起伏，呈一单斜构造，煤层产状变化不大，属中等坚硬煤层。煤层顶板主要为深灰色泥质砂岩，相对完整，局部含粉砂岩，较破碎，底板为深灰色泥岩及砂质泥岩，破碎。工作面观测站布设图见图 3-5。

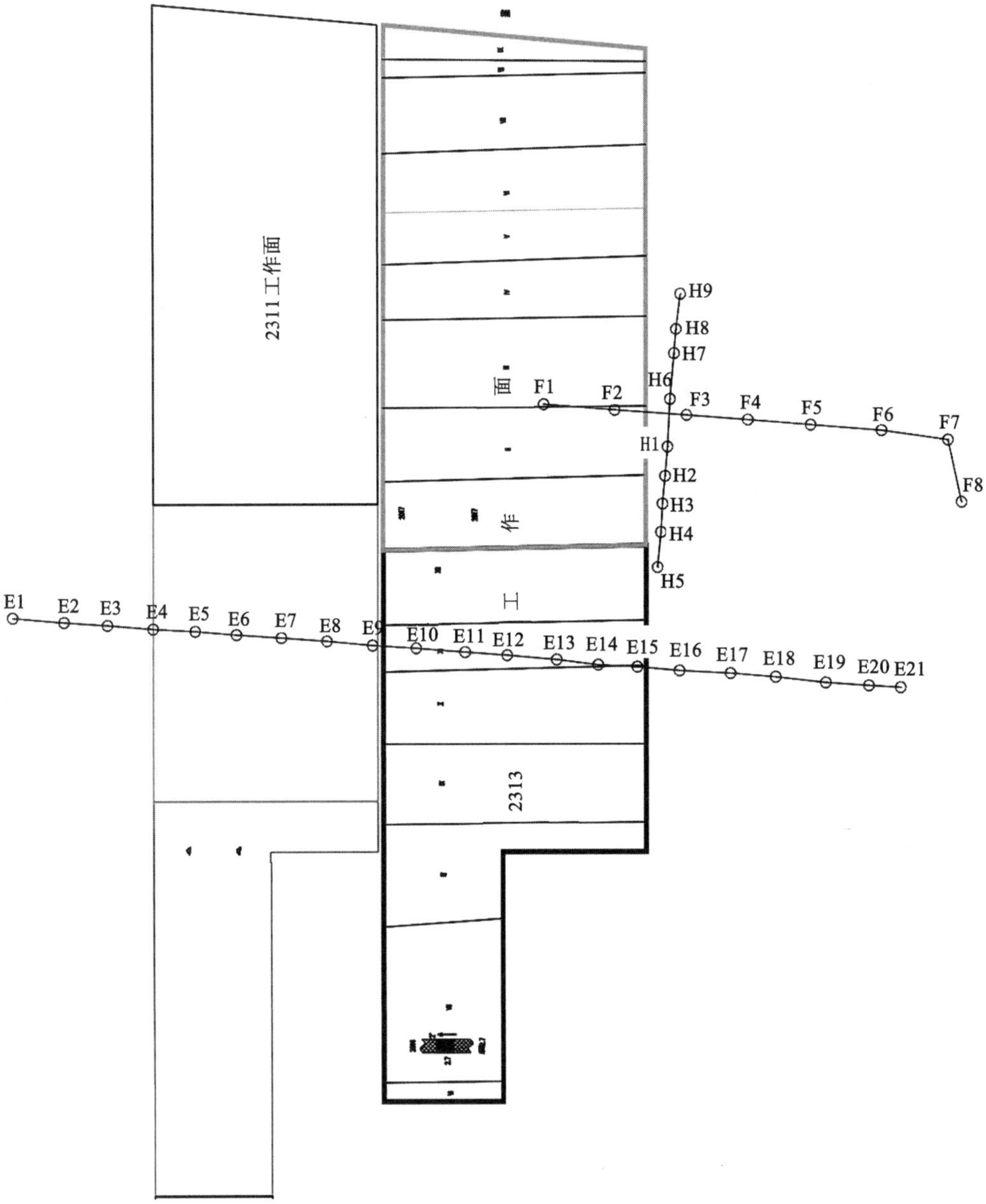

图 3-5　2313 工作面观测站布设示意图

（8）许厂煤矿

许厂煤矿在开采期间，于430采区的4302、4305和4307工作面上方建立观测站，观测了开采引起的地表移动变形。

4302工作面地面标高＋38.1～＋39.5 m，工作面标高－354.9～－462.3 m。走向长1 905 m，倾向北面为193 m，南面最窄处是135 m，中间部分是156 m。平均煤厚4.2 m。

4305工作面地面标高＋39.4～＋40.3 m。走向长719 m，倾向长198 m，在工作面回采范围内煤层底板标高－492.4～－456.0 m，平均煤厚3.7 m。

4307工作面走向长722 m，倾向长194 m，地面标高＋37.2～＋40.2 m，煤层埋藏深度为－444.4～－486.6 m。平均煤厚3.6 m。

（9）济三煤矿

$123_{上}04$工作面所采煤层为山西组$3_{上}$煤，水平名称为－518 m水平，采区名称为十二采区，地面标高＋34.3～＋35.0 m，平均为＋34.6 m；工作面标高－555.8～－652.6 m；工作面宽150 m，工作面长2 197 m；平均开采深度为640 m；煤层倾角为0°～12°，平均为3°；大部分煤厚在1.4 m以上，最大厚度为2.2 m，平均厚1.72 m，计采厚2.01 m；采煤方法为综合机械化开采，顶板管理办法为全部陷落法管理顶板。观测站倾向观测线全长622 m，走向观测线全长725 m。工作面及观测点分布平面图见图3-6。

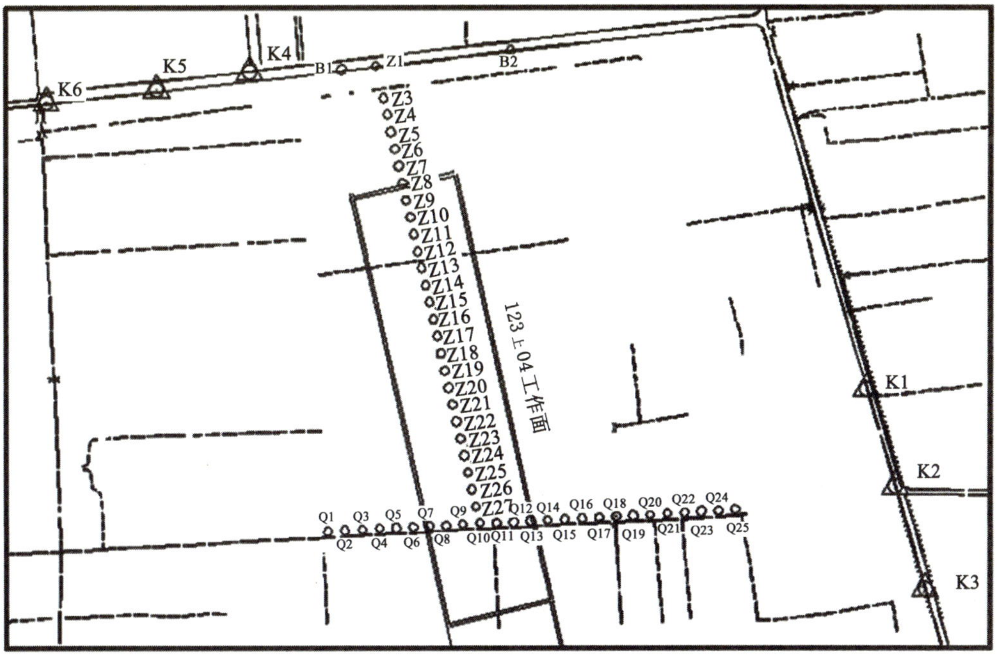

图3-6　$123_{上}04$工作面观测站布置示意图

(10) 兴隆庄煤矿

1307 工作面在兴隆庄煤矿一采区,水平名称为－350 m 水平,地面标高＋46.7～＋48.5 m,工作面标高－315.5～－465.02 m,采深 363～512 m,平均约为 438 m。

工作面实际推进走向长度约为 2 815 m,倾向长 210 m。1307 工作面所采煤层为下二叠统山西组底部的 3 煤,煤层厚度平均约为 8.72 m;煤层结构复杂,距煤层顶板 2.7 m 处夹一层 0.03 m的碳质泥岩夹矸,距底板 3.4 m 左右夹有一层 0～0.8 m 的碳质泥岩夹矸。工作面上、下部煤层产状平缓,中部煤层倾角较大,煤层裂隙发育。煤层平缓,倾角为 2°～10°,平均为 6°。

1307 工作面实际于 2005 年 1 月 12 日开始回采,至 2007 年 2 月 8 日回采结束。观测站布设控制点 16 个,工作测点 145 个,点间距为 25 m。根据实际情况,在观测站实地布设时进行了适当的小调整,由于设计的 D 线位于农田中,征地困难,故没有布设,实际布设了 3 条倾向测线:A 线为全倾向线,B、C 线为半倾向线。工作面观测站布置图见图 3-7。

(11) 杨村煤矿

$313_{上}$ 工作面地面标高＋46.60～＋47.23 m,工作面煤层底板标高－210～－237 m。工作面走向长 157～171 m,倾斜长 168 m,采用综合机械化放顶煤开采,仰采。2010 年 1 月 1 日开始回采,至 2010 年 3 月 28 日回采结束,历时近 3 个月。

$313_{下}$ 工作面地面标高＋46.60～＋47.05 m,工作面煤层底板标高－207～－248 m。工作面走向长 392 m,倾斜长 39～168 m,采用综合机械化放顶煤开采,仰采。2009 年 1 月 8 日开始回采,至 2009 年 11 月 30 日回采结束,历时近 11 个月。

313 工作面 3 煤层厚度为 8.40～9.20 m,平均厚度为 8.60 m,平均视密度为 1.35 t/m^3。煤层结构简单,含 1～2 层不稳定的夹石,夹石岩性一般为碳质泥岩、碳质细砂岩或铝质泥岩,厚度一般为 0～0.2 m。煤层倾角为 4°～7°,平均为 6°。

313 工作面共设立了 4 条相互独立的观测线,在桲椤树村北东西及南北方向公路上各布置一条走向(东西方向)及倾向(南北方向)观测线,共设测点 56 个。沿泗河东河堤布置一条观测线,沿河堤断面布置一条观测线,共设测点 42 个。313 工作面上面垂直泗河东堤方向布置了 9 个河堤监测点。沿河堤断面布置一条观测线。观测站布置图见图 3-8。

(12) 东滩煤矿

3305 工作面标高－546.5～－492.8 m,平均为－508.0 m。地面标高＋50.28～＋50.77 m,采空区倾斜方向的实际长度约为 1 465 m,采空区走向方向的实际长度约为 112 m,3305 工作面于 2016 年 7 月开始回采,至 2017 年 3 月回采结束。3305 工作面共布设 3 条观测线,2 条走向观测线和 1 条倾向观测线。倾向线的长度为 750 m;走向线 1 号线的长度为1 170 m;走向线 2 号线的长度为 1 980 m。3305 工作面所采煤层为二叠系山西组的 3 煤层,煤厚 5.40～8.50 m,平均采厚 7.75 m,煤层倾角为 0°～10°。煤层厚度变化较大,但沉积稳定。3305 工作面于 2016 年 7 月开始回采,至 2017 年 3 月回采结束。观测站布置图见图 3-9。

各观测站主要工作面参数如表 3-1 所示。根据已有观测资料反演得到的概率积分法参数见表 3-2,求取的角量参数见表 3-3。

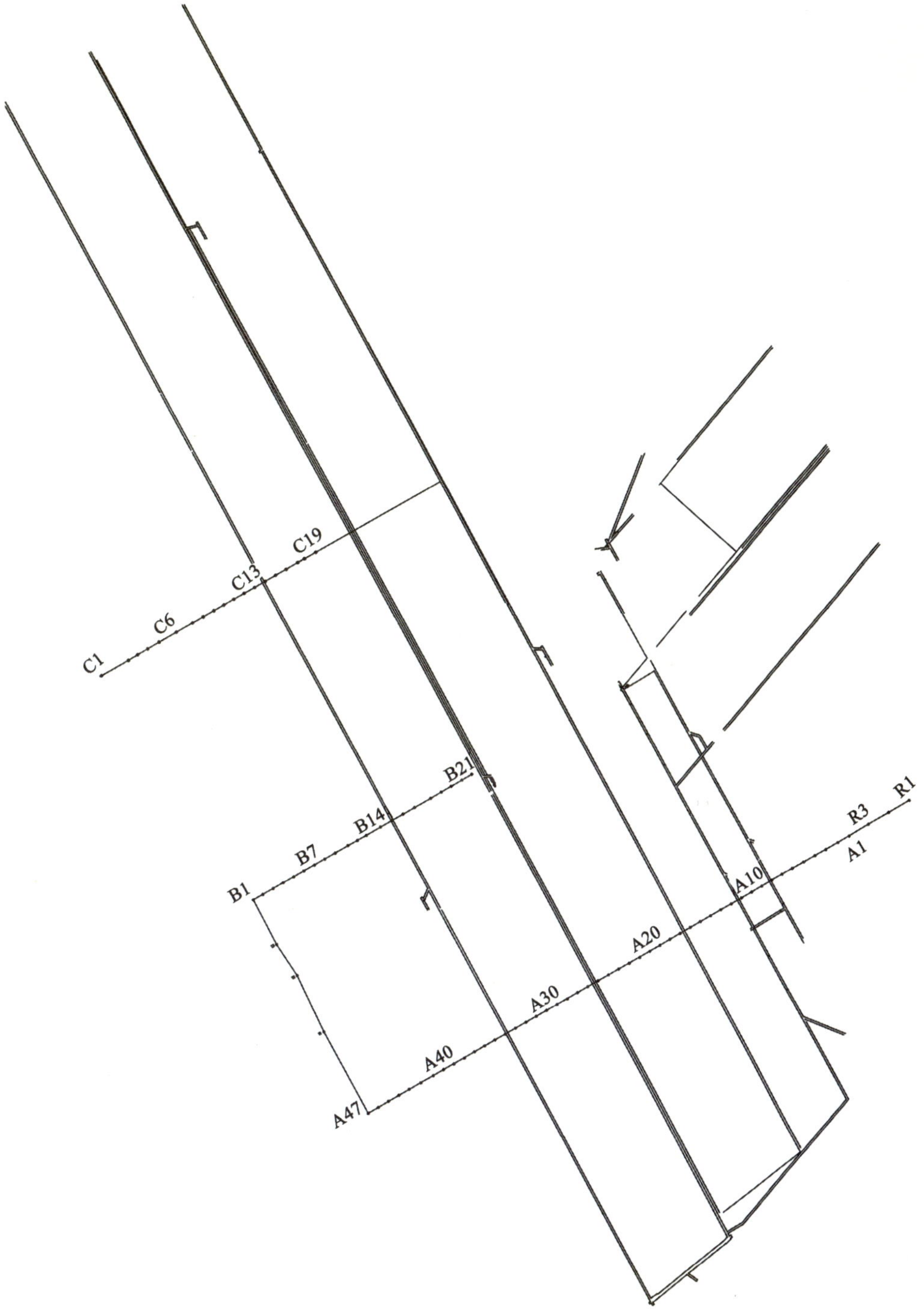

图 3-7　1307 工作面观测站布置示意图

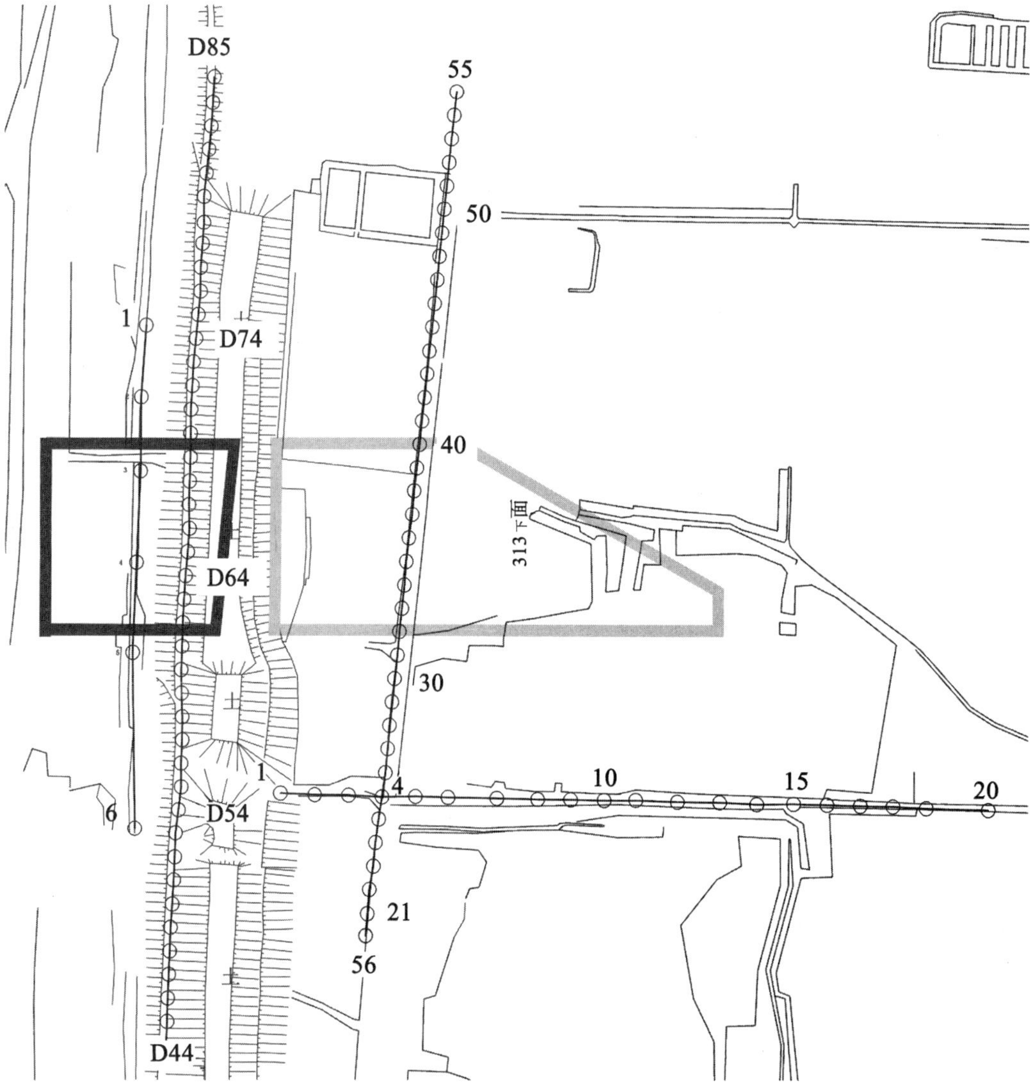

图 3-8　313 工作面观测站布置示意图

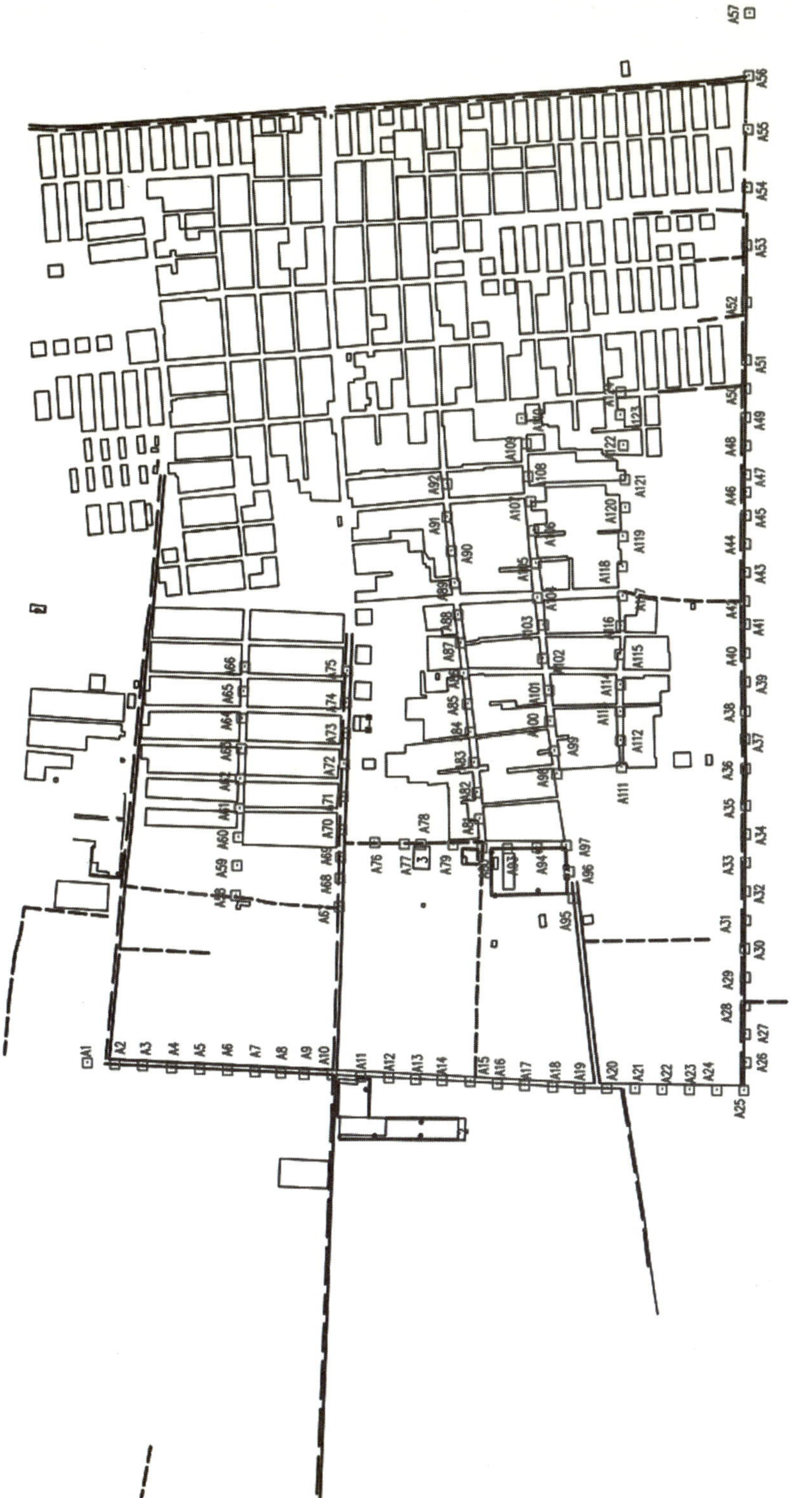

图 3-9 3305 工作面观测站布置示意图

表 3-1 各观测站工作面基本信息

煤矿名称	工作面名称	采长/m	采宽/m	采厚/m	表土层厚度/m	平均采深/m
岱庄煤矿				3		400
葛亭煤矿	1301	870	152	8.07	258	330
济二煤矿	3305	1 641	209	5.4	196	737
唐口煤矿	1301	1 320	215	3.0	221	1 010
	1302	1 560	210	3.67	223	960
	1304	1 457	153	4.97	219	910
	1305	1 540	140	6.5	219	920
	2307	1 320	210	3.75	203	870
	2301	1 485	120	3.41	203	1 000
田庄煤矿	2603	700	240	1.29	160	240
运河煤矿	8308	1 091	120	2.9	218	758
	8309	1 005	84	2.8	218	760
	8310	840	80	2.8	218	760
	8303	1 127	80	3.5	218	863
安居煤矿	2313	1 025	220	2.78	228	1 049
许厂煤矿	4305	719	198	3.7	201	490
济三煤矿	$123_{上}04$	2 197	150	2.01	182	640
兴隆庄煤矿	1307	2 815	210	8.72	200	438
杨村煤矿	313	392	168	8.60	169	275
东滩煤矿	3305	1 465	112	7.75	100	570
里彦煤矿	16312	607	190	0.9	40	215
古城煤矿	3207	481	111	8.6	170	1 139

表 3-2 各观测站工作面概率积分法参数

煤矿名称	工作面名称	下沉系数	主要影响角正切	水平移动系数	开采影响传播角/(°)
岱庄煤矿		0.92	1.68	0.24	89
葛亭煤矿	1301	0.91		0.29	
济二煤矿	3305	0.82	1.90	0.28	86.4
唐口煤矿	1301	0.65	2.15		
	1302	0.53	2.30		
	1304	0.44	2.05		
	1305	0.32	1.65		
	2307	0.78	2.25		
	2301	0.39	2.25		
田庄煤矿	2603	0.98	1.50	0.30	

表 3-2(续)

煤矿名称	工作面名称	下沉系数	主要影响角正切	水平移动系数	开采影响传播角/(°)
运河煤矿	8308	0.45	2.40	0.31	
	8309/8310	0.24	2.31	0.25	
	8303	0.34		0.34	
安居煤矿	2313	0.30	1.00	0.10	
许厂煤矿	4305	0.91	3.00	0.34	88
济三煤矿	$123_{上}04$	0.73	1.80	0.35	
兴隆庄煤矿	1307	0.83	2.20	0.27	87
杨村煤矿	313	0.86	2.20	0.32	
东滩煤矿	3305	0.67	2.42	0.31	90
里彦煤矿	16312	1.00	2.26		88
古城煤矿	3207	0.47	2.52	0.33	90

表 3-3 各观测站工作面角量参数

煤矿名称	工作面名称	移动角/(°)			边界角/(°)		
		走向	上山方向	下山方向	走向	上山方向	下山方向
岱庄煤矿		72.3	72.8	72.9	58.4		53.8
葛亭煤矿	1301	72.2	70.9		66.2	65.6	
济二煤矿	3305	67.1	69.0	64.1	59.7	62.7	56.8
唐口煤矿	1301						58.3
	1304				61.0		
	1305				61.0	59.0	
	2307		72.5	71.0		67.0	59.0
田庄煤矿	2603	63.0			49.6		
运河煤矿	8308	69.0	59.9	63.8	59.0	56.6	61.8
	8309/8310	63.0	69.4		53.0	76.6	
	8303	69.0	59.9	63.8	59.0	56.6	61.8
许厂煤矿	4305		68.9	75.1		64.9	62.5
济三煤矿	$123_{上}04$	69.1			59.0		
兴隆庄煤矿	1307		70.4	75.0		54.3	60.0
东滩煤矿	3305	61.0	61.0	58.0	59.0		
里彦煤矿	16312				54.5		54.9
古城煤矿	3207	72.0	75.0		66.0	70.0	

3.2 基于已有实测资料的开采沉陷规律研究

3.2.1 概率积分法参数演化规律分析

研究区域各矿井自建矿以来，积累了丰富的地表移动变形观测实测资料，对其中部分资料进行了整理分析，得到了一些有用的结论。李运江等[47]通过分析鲍店井田西部第四系地层富水性、颜色、岩性、电性特征及厚度等因素，进行了第四系上中下组划分，分析了含水层的富水性和隔水层的隔水性对进一步提高开采上限的影响；邵小朋等[48]根据许厂矿物探、钻探和生产过程中的资料，采用地质统计法对断裂构造要素进行统计分析，建立了断层落差与延展长度之间的经验公式，定量分析了断层落差与延展长度之间的关系；吴新庆等[49]通过对钻井数据的统计、沉积相和构造特征的综合分析，研究了许厂煤矿井田内 $3_下$煤层的厚度变化特点及其成因；许冬等[50]对济宁矿区 1984—2013 年的塌陷积水面积进行测算，分析了近 30 年来济宁采煤塌陷积水区的扩展变化情况；卞景强等[51]分析了东滩煤矿围岩压力监测数据，研究开采时迎头压力变化规律、岩石断裂时的声发射活动特征；李世民[52]以山东田庄煤矿 1301 工作面为例，采用滑移线场理论和 FLAC3D 数值模拟方法得出了煤层底板采动破坏深度，并根据垂直应力分布云图解释了煤层底板发生破坏的原因；夏文营[53]通过对田庄煤矿勘探成果资料和生产资料的对比研究，总结出矿区的煤质变化规律，为合理开发利用资源并优化资源配置提供依据；葛春等[54]以瓦斯地质理论、煤田地质学为基础，结合岱庄煤矿地质特征以及瓦斯基础测试参数，对该矿煤层瓦斯地质规律进行了分析；赵元强等[55]在分析了矿区水文地质条件的基础上，根据对矿区不同煤层突水系数的分析计算，分析了不同煤层采动的安全性；王宗胜等[56]综合分析了鲍店煤矿开采沉陷预计参数；谭志祥等[57]探讨了高强度综放开采条件下的地表沉陷变形规律，得到鲍店煤矿区域沉陷仍符合概率积分法的结论；贺天等[58]分析了济三煤矿重复采动条件下的矿区地表沉陷规律，解算了地表移动变形参数，分析了地表移动情况及影响因素；王永辉等[59]分析横河煤矿巨厚松散层下煤炭开采引起的地表沉陷变形分布符合概率积分法模型，并据此开展了移动变形分析工作；常西坤[60]以唐口煤矿为研究对象，分析了深部开采覆岩形变及地表移动特征；郭振忠等[61]以许厂煤矿为例，用数学方法分析了厚松散层下地表沉陷的特征及岩移参数。除上述成果外，国内外学者针对济宁城市规划区内各矿井的开采沉陷工作还开展了许多卓有成效的研究工作，成功地指导了煤矿的开采及地表塌陷的治理工作。但是，已有成果的研究范围大部分为仅针对单个煤矿单个工作面开展的，而涉及整个区域的研究成果较少，因此，本书以济宁城市规划区为研究范围，整理分析区域内各矿井有效实测资料，并根据收集到的观测资料，综合分析济宁城市规划区范围内开采沉陷概率积分法参数与采深、采厚、充分采动程度、表土层厚度等的关系，以获得可在全区范围内推广的应用规律。

3.2.1.1 下沉系数

(1) 各变量单个分析

① 与表土层厚度的关系

从图 3-10(b)可以看出：下沉系数与表土层厚度具有良好的线性关系，即：下沉系数随着表土层厚度的增加而呈线性减小。图 3-10(b)的拟合函数为：$y=-0.010\ 52x+$

2.634 61，拟合范围为[160 m，228 m]，函数拟合优度为：$R^2=0.591\ 69$。该拟合函数可为相似条件下的工程项目提供一定的预测参考价值。

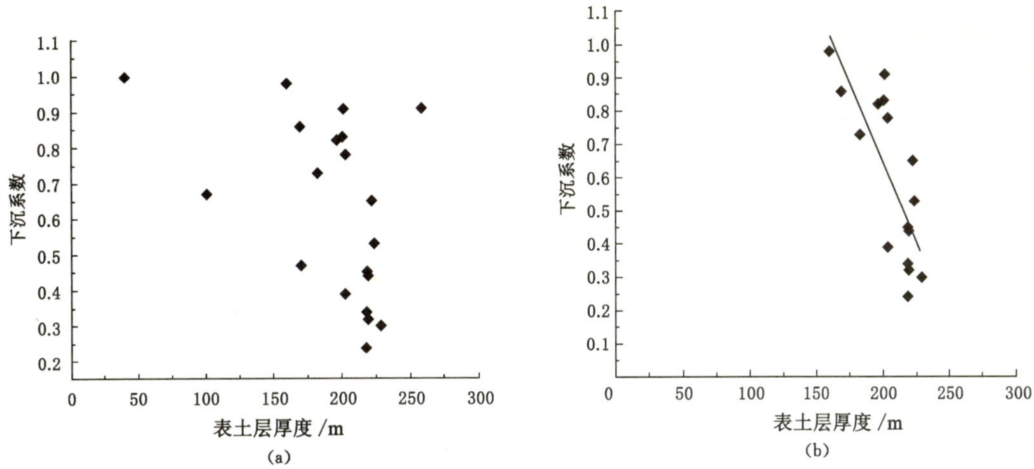

图 3-10　下沉系数随表土层厚度因素变化规律

(a) 原始数据散点图；(b) 最佳区间数据拟合图

② 与开采厚度的关系

从图 3-11(a)可知：整体范围内下沉系数与开采厚度无明显关系。经过对数据统计筛选后得到图 3-11(b)，可知下沉系数与开采厚度在局部范围内存在一定的趋势关系。当开采厚度处于[0.95 m，6.45 m]时，二者的拟合函数为：$y=0.016\ 84x^2-0.245\ 79x+1.217\ 89$，函数拟合优度为：$R^2=0.980\ 33$。

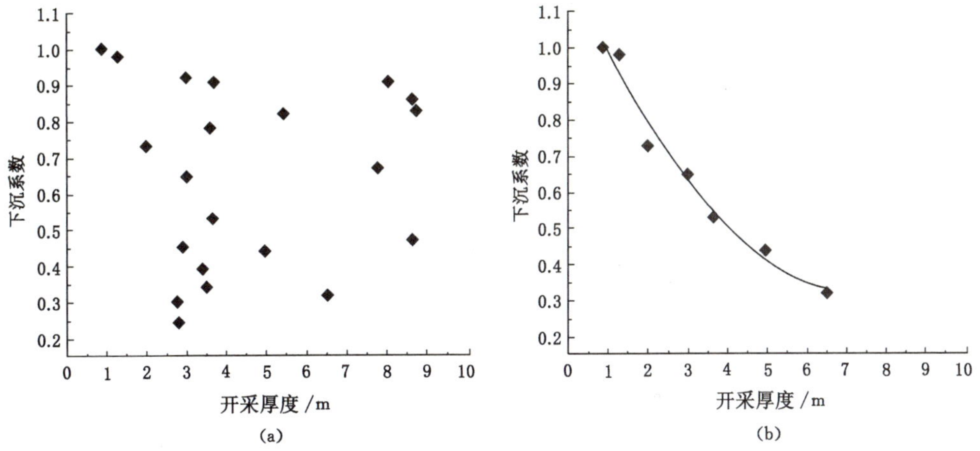

图 3-11　下沉系数随开采厚度因素变化规律

(a) 原始数据散点图；(b) 最佳统计数据拟合图

③ 与开采深度的关系

由图 3-12(a)可知：下沉系数与开采深度在整体上存在着明显的强线性关系趋势，即随着开采深度的加深，下沉系数相应减小。当开采深度为[215 m，1 139 m]时，其拟合方程为：$y=-6.91397\times10^{-4}x+1.12459$，其拟合优度为：$R^2=0.6481$。图 3-12(b)为统计筛除噪点后的最佳统计数据拟合图，当开采深度范围为[215 m，1 139 m]时，拟合函数为：$y=-7.39426\times10^{-4}x+1.14557$，拟合优度为：$R^2=0.85805$。进一步对实测参数的模拟结果进行了统计优化。

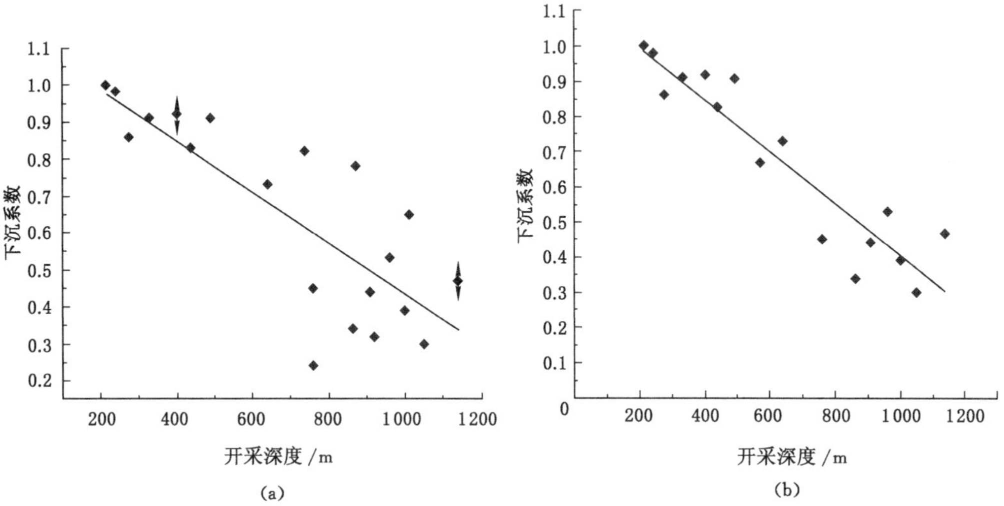

图 3-12　下沉系数随开采深度因素变化规律

(a) 原始数据散点拟合图；(b) 最佳统计数据拟合图

④ 与采动程度的关系

由图 3-13 的拟合情况可得：整体上表现出随采动程度的增大，下沉系数为非线性增加的趋势。即：当采动程度处于[0.33，0.99]时，下沉系数与采动程度的拟合函数为：$y=0.43174x^4+1.84195x^3-5.1823x^2+3.94172x-0.02776$，其拟合优度为：$R^2=0.81432$。整体上拟合度较高，对于下沉系数的预测具有良好的参考价值。

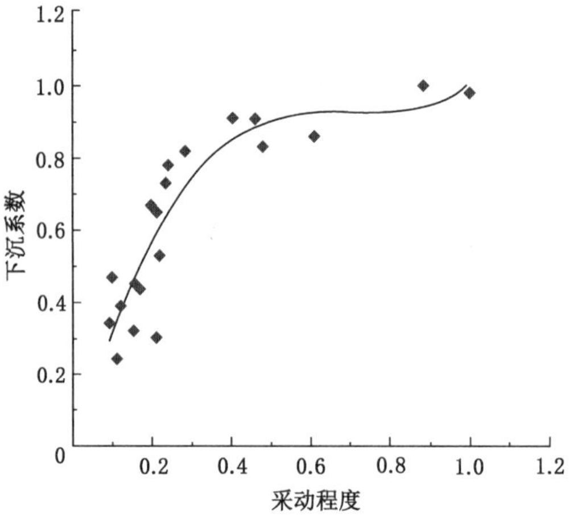

图 3-13　下沉系数随采动程度因素变化规律

(2) 多变量综合分析

利用主成分回归法分析表土层厚度、开采厚度和开采深度等因素对下沉的综合影响。具体选取的数据见表 3-4，计算得主成分特征见表 3-5。

表 3-4 各因子综合分析表

矿区	工作面名称	采厚(x_1)/m	表土层厚度(x_2)/m	平均采深(x_3)/m	下沉系数(y)
葛亭煤矿	1301	8.00	258	330	0.91
济二煤矿	3305	5.40	196	737	0.82
唐口煤矿	1301	3.00	221.4	1 010	0.65
田庄煤矿	2603	1.29	160	240	0.98
运河煤矿	8308	2.90	218	758	0.45
安居煤矿	2313	2.78	228	1 049	0.30
许厂煤矿	4305	3.70	201	490	0.91
济三煤矿	$123_{上}$04	2.01	182	640	0.73
兴隆庄煤矿	1307	8.72	200	438	0.83
杨村煤矿	313	8.60	169	275	0.86
东滩煤矿	3305	7.75	100	570	0.67
里彦煤矿	16312	0.90	40	215	1.00
古城煤矿	3207	8.60	170	1 139	0.47

表 3-5 标准化变量主成分特征表

主成分	特征	特征值贡献度	x_1	x_2	x_3
第一主成分	1.420	47.33%	0.310 147	0.906 987	0.284 926
第二主成分	0.991	33.05%	0.703 379	−0.017 290	−0.710 600
第三主成分	0.589	19.62%	0.639 583	−0.420 800	0.643 319

得到最终函数模型方程为：$y=-1.4\times10^{-4}x_1-2.248\ 5\times10^{-5}x_2-5.960\ 2\times10^{-4}x_3+1.109\ 7$。该回归模型预测值与概率积分法的预计值对比如表 3-6 所示。

表 3-6 标准化变量主成分特征表

概率积分法预测值 S/m	本模型预计值 S'/m	$\|S-S'\|$/m
0.91	0.90	0.01
0.82	0.66	0.16
0.65	0.50	0.15
0.98	0.96	0.02
0.45	0.65	0.20
0.30	0.48	0.18
0.91	0.81	0.10

表 3-6(续)

概率积分法预测值 S/m	本模型预计值 S'/m	$\|S-S'\|$/m
0.73	0.72	0.01
0.83	0.83	0
0.86	0.93	0.07
0.67	0.76	0.09
1.00	0.98	0.02
0.47	0.42	0.05

由表 3-6 可知：二者之间的最大差值为 0.20，中误差为 $\sigma=0.127\ 5$。所建模型方程与概率积分法模型预测值基本一致，该模型利用少量影响因子组合，在一定程度上简化了复杂的概率积分法预测模型，为在实际工程项目的数据不全的情况下提供了重要的参考价值。并且由该综合函数模型分析得各因子对下沉系数的影响依次为：表土层厚度＞开采深度＞开采厚度。与单个因子分析所得趋势结论保持一致。

3.2.1.2　水平移动系数

(1) 与表土层厚度的关系

由图 3-14(a)拟合情况可知：水平移动系数主要集中分布在[0.25，0.35]。数据统计筛选得到拟合图 3-14(b)，可知：当表土层厚度处于[168 m，228 m]时，其函数拟合公式为：$y=-5.382\ 49\times10^{-5}x^2+0.020\ 5x-1.002\ 46$，其拟合优度为：$R^2=0.938\ 66$。在具有相似地质条件的矿区的情况下，对表土层厚度处于该范围内的水平移动系数预估提供一定的评估参考。

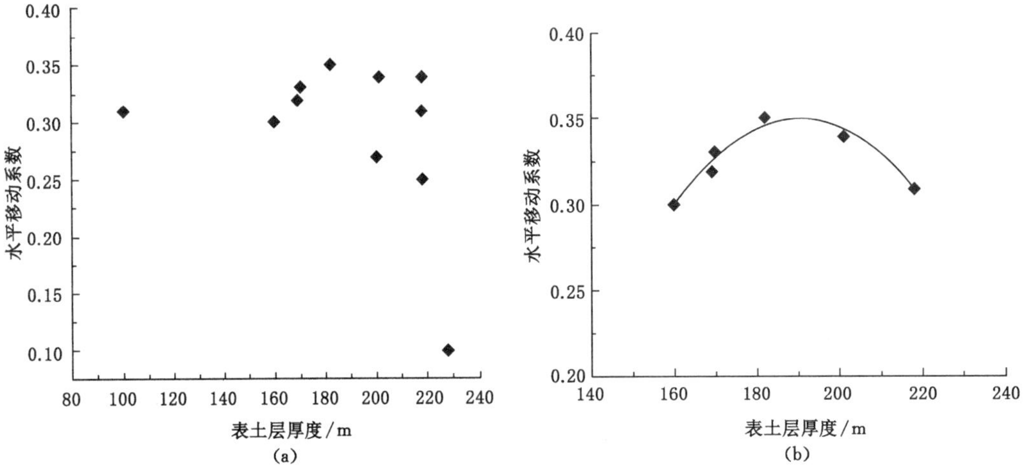

图 3-14　水平移动系数随表土层厚度因素变化规律

(a) 原始数据散点图；(b) 最佳统计数据拟合图

(2) 与开采厚度的关系

由图 3-15(a)可知：水平移动系数主要分布在[0.24，0.35]。数据统计筛选后得拟合图 3-15(b)，可知：在最佳统计范围内，水平移动系数的期望值约为 0.31。整体上呈现出随着开采厚度的增加，水平移动系数缓慢减小的趋势。

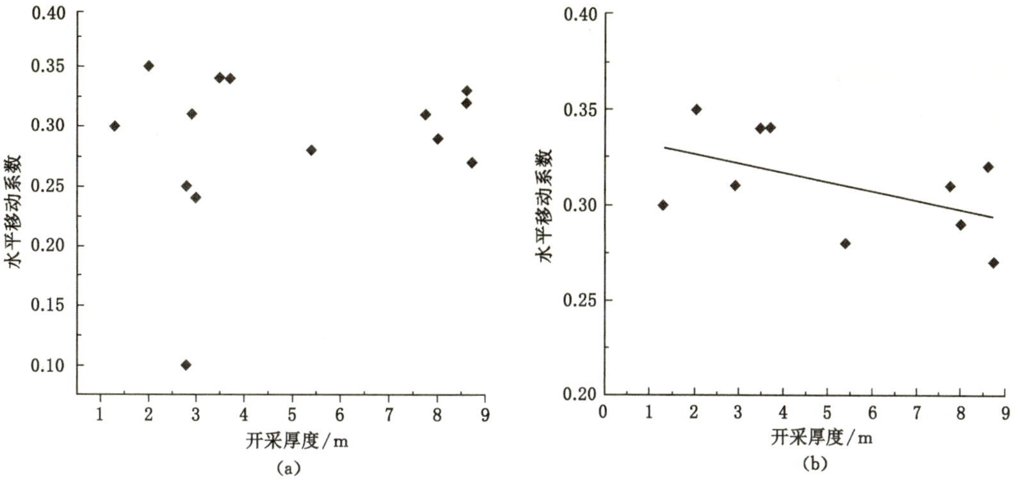

图 3-15 水平移动系数随开采厚度因素变化规律

(a) 原始数据散点图；(b) 最佳统计数据拟合图

(3) 与开采深度的关系

由图 3-16(a)可知：水平移动系数与开采深度无明显统计规律。但经统计筛选后的图 3-16(b)可知：当开采深度处于[240 m,863 m]时，水平移动系数在[0.27,0.35]波动。

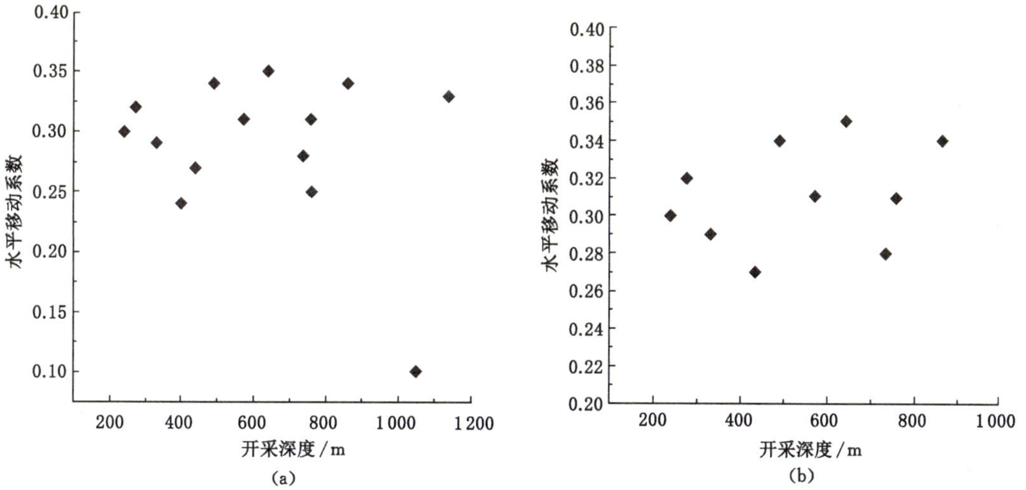

图 3-16 水平移动系数随开采深度因素变化规律

(a) 原始数据散点拟合图；(b) 最佳统计数据拟合图

(4) 与采动程度的关系

由图 3-17(a)可知：水平移动系数与采动程度无明显统计规律。但由图 3-17(b)可知：当采动程度处于[0.09,0.61]时，水平移动系数基本分布在[0.27,0.35]。

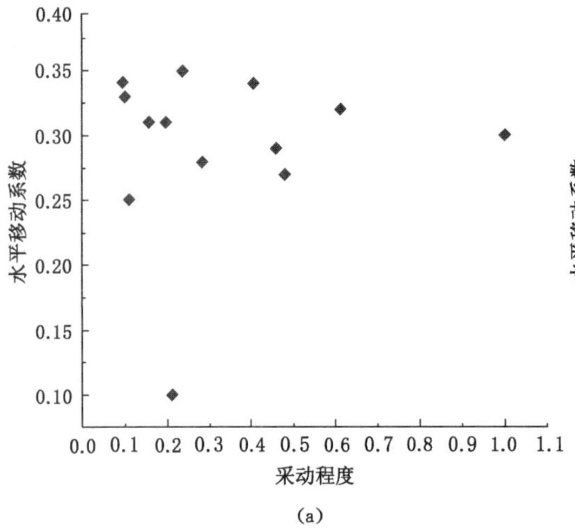

图 3-17　水平移动系数随采动程度因素变化规律

(a) 原始数据散点拟合图；(b) 最佳统计数据拟合图

3.2.1.3　主要影响角正切

(1) 与表土层厚度的关系

由图 3-18(b)可知：主要影响角正切与表土层厚度在局部上呈现出线性相关性。即表土层厚度集中处于 160～223 m 时，与主要影响角正切值拟合函数关系式为：$y=7.93\times10^{-5}x+0.49991$，其拟合优度为：$R^2=0.45073$。

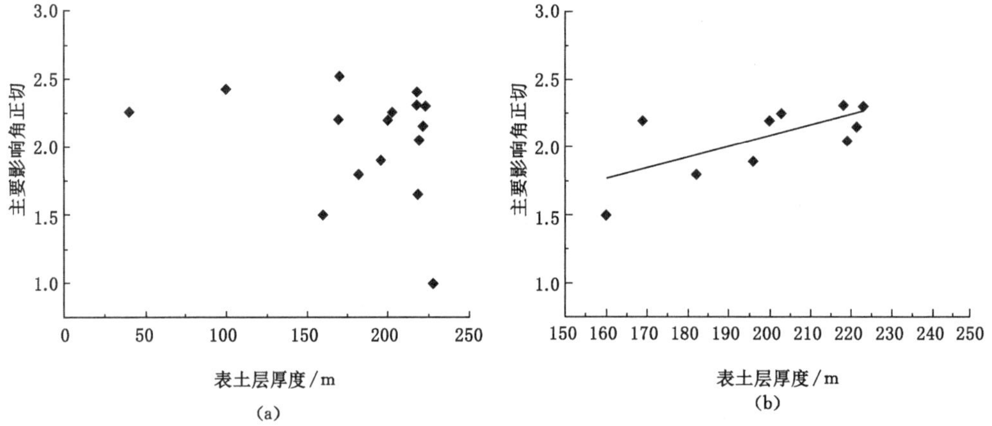

图 3-18　主要影响角正切随表土层厚度因素变化规律

(a) 原始数据散点拟合图；(b) 最佳统计数据拟合图

(2) 与开采厚度的关系

由图 3-19 可知：原始数据经过相关统计筛选后，主要影响角正切与开采厚度存在一定的函数关系。在开采厚度为[1.42 m，8.6 m]时，其拟合函数为：$y=-0.00336x^5+0.08093x^4-0.69711x^3+2.56867x^2-3.69619x+3.28993$，拟合优度为：$R^2=0.93804$。主要影响角正切呈现出“波浪”形的变化状态。

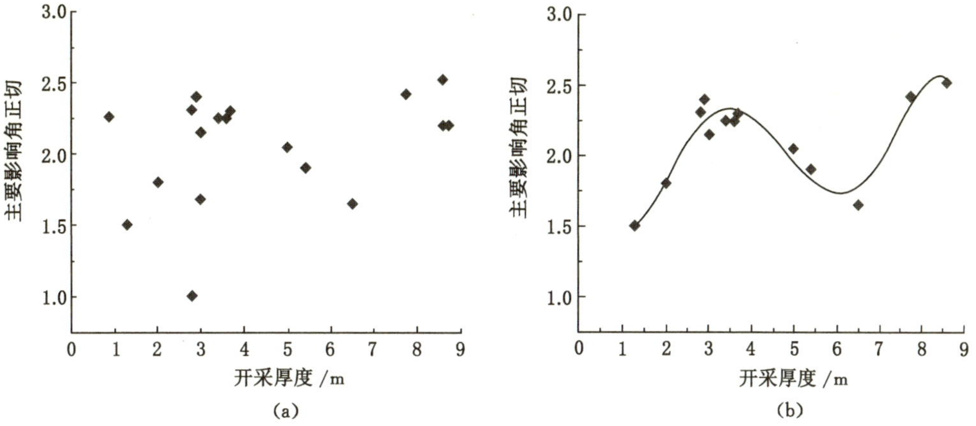

图 3-19 主要影响角正切随开采厚度因素变化规律

(a) 原始数据散点拟合图;(b) 最佳统计数据拟合图

(3) 与开采深度的关系

由图 3-20 可知:经过统计筛选后,主要影响角正切随开采深度的增加呈现出线性的增长关系。当开采深度为[215 m,1 139 m]时,其拟合函数为:$y=4.196\ 67\times10^{-4}x+1.834\ 83$,拟合优度为:$R^2=0.208\ 44$。

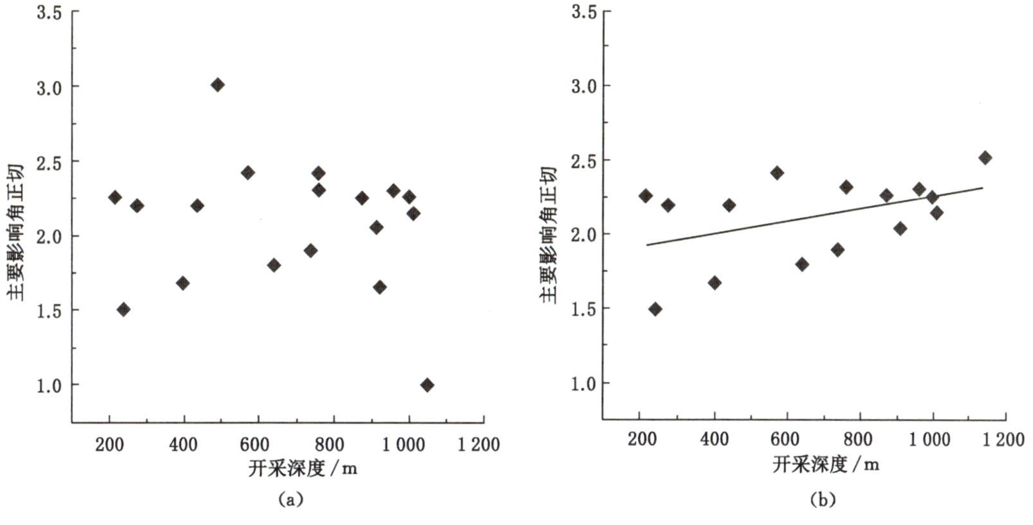

图 3-20 主要影响角正切随开采深度因素变化规律

(a) 原始数据散点拟合图;(b) 最佳统计数据拟合图

(4) 与采动程度的关系

由图 3-21 可知:主要影响角正切与采动程度无明显的统计规律。但经过统计后可知:主要影响角正切值呈现出“持平”状态,主要分布在 1.6～2.5。

综上所述:

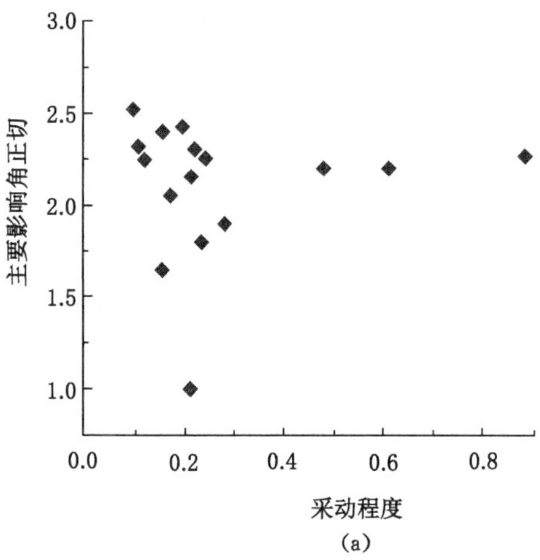

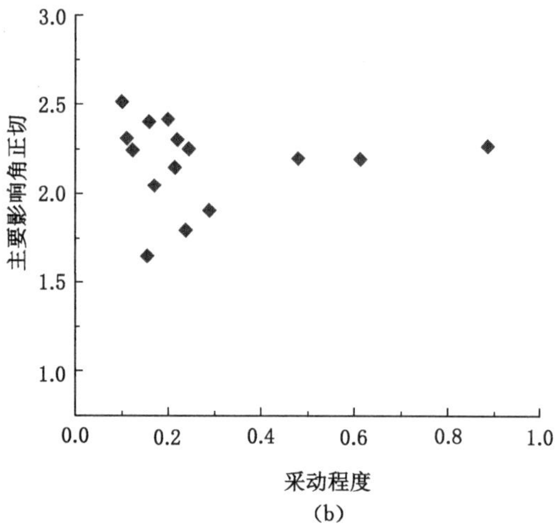

图 3-21　主要影响角正切随采动程度变化规律

(a) 原始数据散点拟合图；(b) 最佳统计数据拟合图

(1) 评价区域内下沉系数受到了采动程度和开采深度的明显制约。下沉系数随采动程度增大呈现增大趋势，而随开采深度的增大呈现出减小的趋势。各因子对下沉系数的影响程度上表现为：表土层厚度＞开采深度＞开采厚度。

(2) 水平移动系数与开采深度、开采厚度、表土层厚度和采动程度间没有明显统计相关性。经统计拟合后，水平移动系数与表土层厚度在局部上具有了二次函数相关性，且随开采厚度的增加呈现出减小的趋势。

(3) 主要影响角正切与表土层厚度在局部存在线性相关性。而与开采深度具有一定的线性关系，即随开采深度不断增加，主要影响角正切呈现增大趋势。开采厚度与主要影响角正切之间存在“波浪”函数关系，但与采动程度无明显相关性。

(4) 开采影响传播角在本研究区域内比较稳定，处于 86.4°～90°。

3.2.2　角量参数演化规律分析

综合分析济宁城市规划区范围内角量参数与表土层厚度、开采厚度、开采深度等的关系。

3.2.2.1　上山边界角

(1) 与表土层厚度的关系

由图 3-22 可知，上山边界角与表土层厚度的关系在整体上呈现散乱状态，无明显强相关性。但通过概率统计的方法可知，当表土层厚度处于[170 m，260 m]时，其上山边界角大部分处于[55°，70°]。

(2) 与开采厚度的关系

如图 3-23 所示，数据经过概率统计筛选得到：上山边界角与开采厚度具有较强的相关性。当开采厚度处于[3 m，9 m]时，其拟合函数为：$y=1.518\,7x^2-18.142x+113.67$，对应的 $R^2=0.901\,7$。从图 3-23(b)形态上可以看出：随着开采厚度的不断增加，其上山边界角呈现先下降后上升的趋势。

(3) 与开采深度的关系

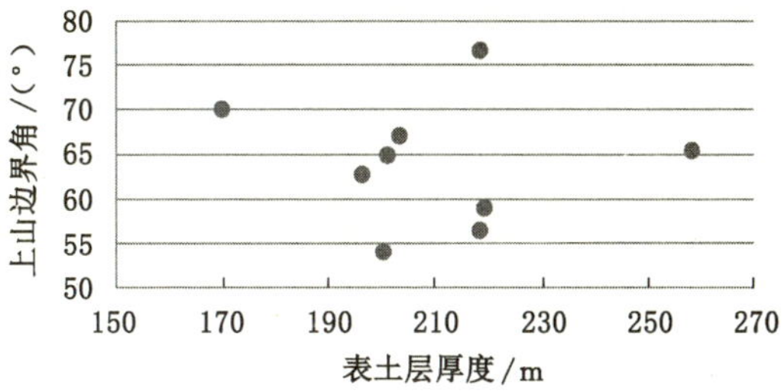

图 3-22 上山边界角与表土层厚度关系图

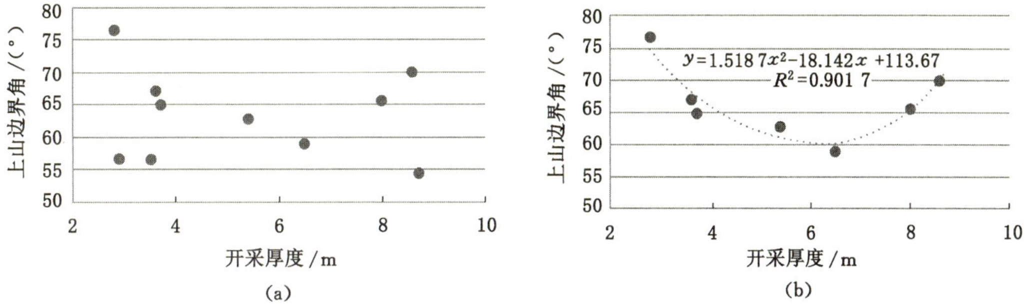

图 3-23 上山边界角与开采厚度关系图

(a) 原始数据图;(b) 最佳拟合图

由图 3-24 可知:上山边界角与开采深度之间无明显关系,但由统计可知:当开采深度在[300 m,1 200 m]时,上山边界角值主要波动范围为[50°,70°]。

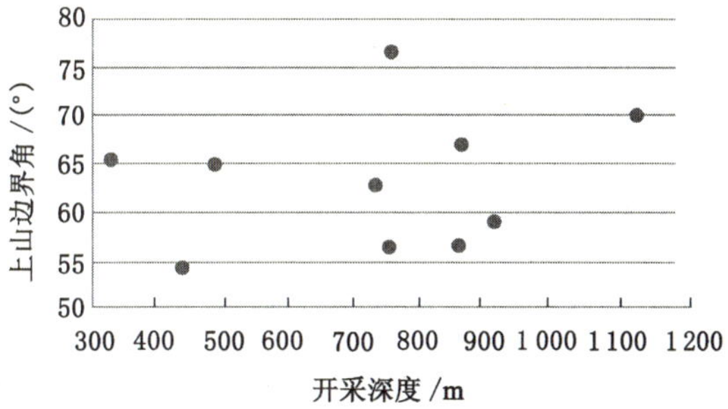

图 3-24 上山边界角与开采深度关系图

3.2.2.2 走向边界角

(1) 与表土层厚度关系

由图 3-25 可知:在概率统计中,当表土层厚度在[40 m,258 m]时,其拟合函数表达式为:$y=0.034\ 9x+53.415$,$R^2=0.625\ 9$。随着表土层厚度不断增大,走向边界角呈现出增大的趋势。

(2) 与开采厚度的关系

由图 3-26 可知:走向边界角与开采厚度具有明显的强线性关系,即走向边界角随着开

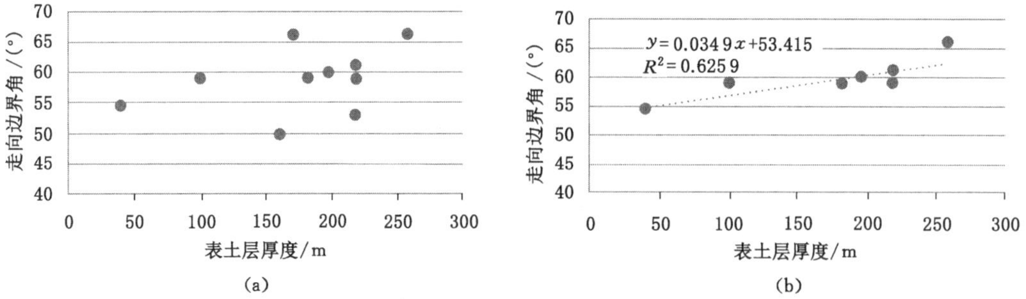

图 3-25　走向边界角与表土层厚度关系图

(a) 原始数据图；(b) 最佳拟合图

采厚度的增加而不断增大。由图 3-26(b)可知，开采厚度在[0 m,9 m]时，其拟合方程为：$y=1.411\ 8x+52.62$，$R^2=0.649\ 1$。

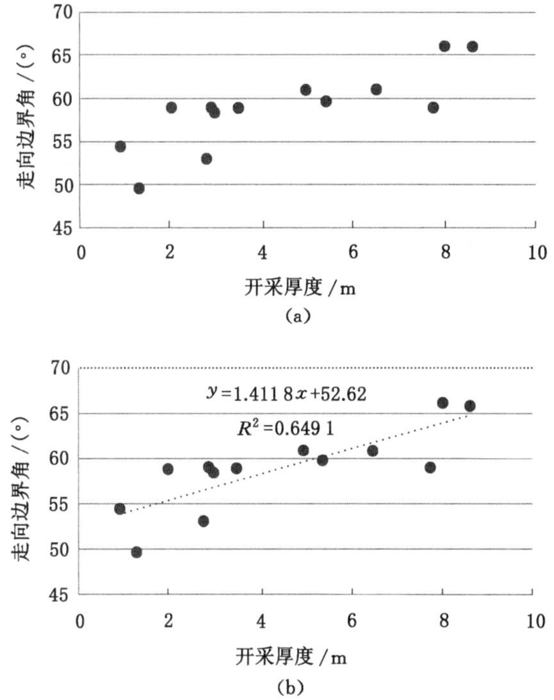

图 3-26　走向边界角与开采厚度关系图

(a) 原始数据图；(b) 最佳数据拟合图

(3) 与开采深度的关系

由图 3-27 可知，走向边界角与开采深度关系在整体上具有较明显的统计概率趋势。经最佳统计筛选后所得拟合图 3-27(b)可知：在开采深度处于[215 m,1 139 m]时，其拟合函数表达式为：$y=0.011\ 6x+50.398$，$R^2=0.597$。可得结论：走向边界角随开采深度的增加呈现增大的趋势。

3.2.2.3　上山移动角

(1) 与表土层厚度的关系

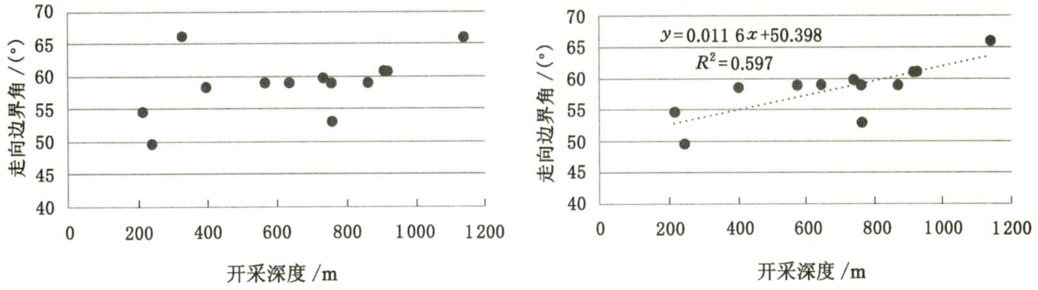

(a) (b)

图 3-27 走向边界角与开采深度关系图

(a) 原始数据图;(b) 最佳拟合图

由图 3-28 可知:上山移动角与表土层厚度无明显相关性。但由图可知上山移动角主要处于[60°,75°]。

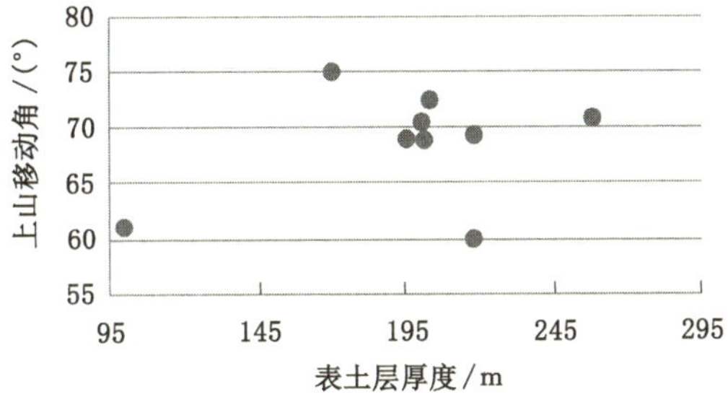

图 3-28 上山移动角与表土层厚度关系图

(2) 与开采厚度的关系

由图 3-29 可知:上山移动角与开采厚度无明显相关性。但通过实测值统计分析可得:矿区的上山移动角的期望值为 68.2°,最大波动幅度为 8°。

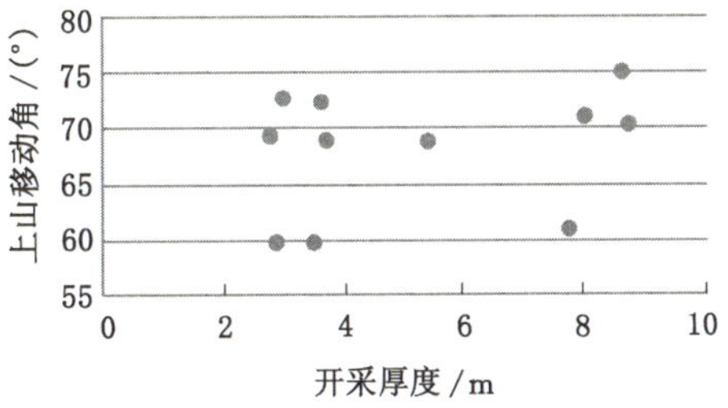

图 3-29 上山移动角与开采厚度关系图

(3) 与开采深度的关系

由图 3-30 分析得:当开采深度处于[330 m,1 139 m]时,其拟合函数表达式为:$y=-1\times10^{-7}x^3+3\times10^{-4}x^2-0.222\ 1x+118.98$,$R^2=0.562\ 5$。得出结论:随着开采深度的不断加深,上山移动角呈现出先减小后增大的趋势 。

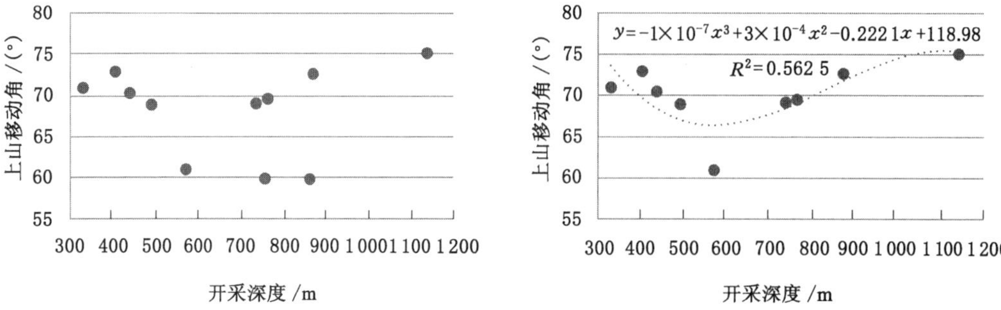

(a) (b)

图 3-30　上山移动角与开采深度关系图

(a) 原始数据图;(b) 最佳拟合图

3.2.2.4　走向移动角

(1) 与表土层厚度的关系

由图 3-31 分析得:走向移动角与表土层厚度无明显相关性。但当表土层厚度在[100 m,258 m]时,其走向移动角处于[61°,72.2°],走向移动角的期望值为 67.8°。走向移动角范围最大波动差为 11.2°。

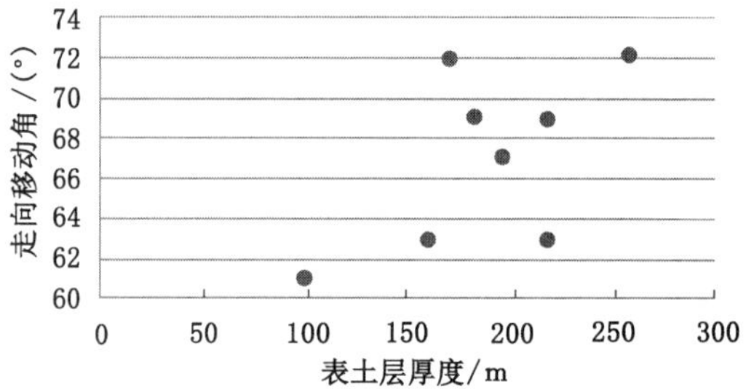

图 3-31　走向移动角与表土层厚度关系图

(2) 与开采厚度的关系

由图 3-32 分析得:数据点整体分布散乱,走向移动角与开采厚度无明显相关性。

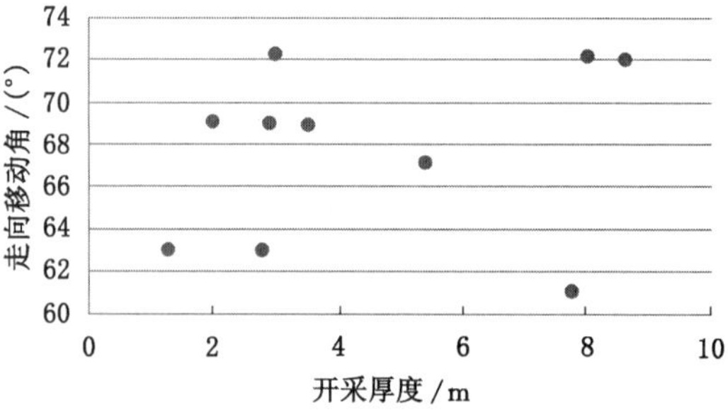

图 3-32　走向移动角与开采厚度关系图

(3) 与开采深度的关系

由图 3-33 分析得:在局部统计范围内,采深与走向移动角存在同步趋势性。即:当开采深度在[550 m,1 150 m]时,其拟合函数表达式为:$y=0.014\ 9x+55.161$,相关系数:$R^2=0.525\ 6$。

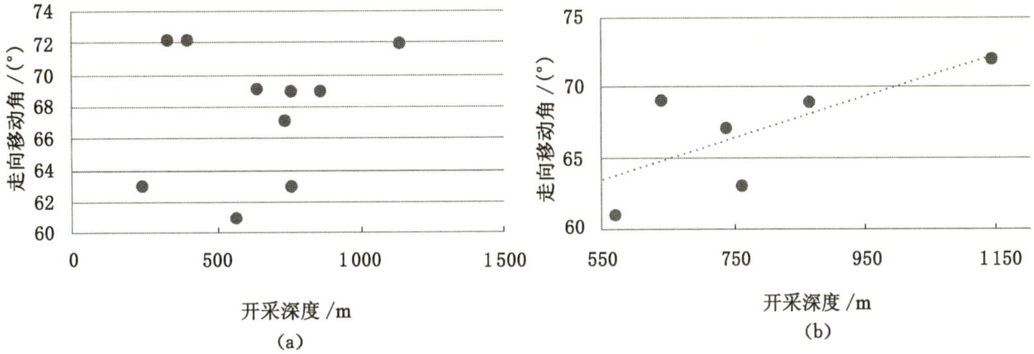

图 3-33　走向移动角与开采深度关系图

(a) 原始数据图;(b) 最佳拟合图

3.3　新建观测站验证分析

3.3.1　观测站布置与数据采集

在研究区域济宁城市规划区范围内有 20 余个煤矿,开采年代久远,开采工艺各异,无法做到全面观测。因此,在进行观测站布置前,首先根据评价区内煤矿工作面终采时间和煤层埋深情况,对各煤矿已采工作面进行大致分区,终采时间分区按照 2016 年前和 2016 年后进行新老采空区分区;煤层埋深分区按照<200 m、200～500 m 和>500 m 进行分区。

地表移动变形监测工作选取代表区域的新采空区和 2018 年计划开采工作面内布设监测点,老采空区主要是考虑重点项目选址区域布设监测点。在采用 GNSS 进行全局控制的基础上,采用水准测量和导线测量对采煤沉陷区地表竖直位移和水平位移进行监测,观测采空区地表移动变形的动态变化,求取适合本区的采空区地表沉陷参数。基本查明老采空区残余变形情况。

综合考虑上述原则,各区域布置情况如图 3-34～图 3-37 所示(图中坐标点单位为 km)。

本次监测项目共分为 5 个区域:何岗煤矿、运河煤矿、岱庄煤矿、唐口煤矿以及采空区快速路。为减弱外界条件对测绘仪器的影响,确保控制精度和便于利用,选点时满足以下要求:

(1) 点位设在易于安装接收设备、视野开阔的较高点上。

(2) 点位目标显著,视场周围 15°以上无障碍物,以免 GPS 信号被遮挡或被障碍物吸收。

(3) 点位远离大功率无线电发射源(如电视台、微波站等),其距离大于 200 m;远离高压输电线和微波无线电信号传送通道,其距离大于 50 m;以避免电磁场对 GPS 信号的干扰。

(4) 地面基础稳定,易于点的长期保存。

(5) 点位附近无大面积水域或无强烈干扰卫星信号接收的物体,以减弱多路径效应的影响。

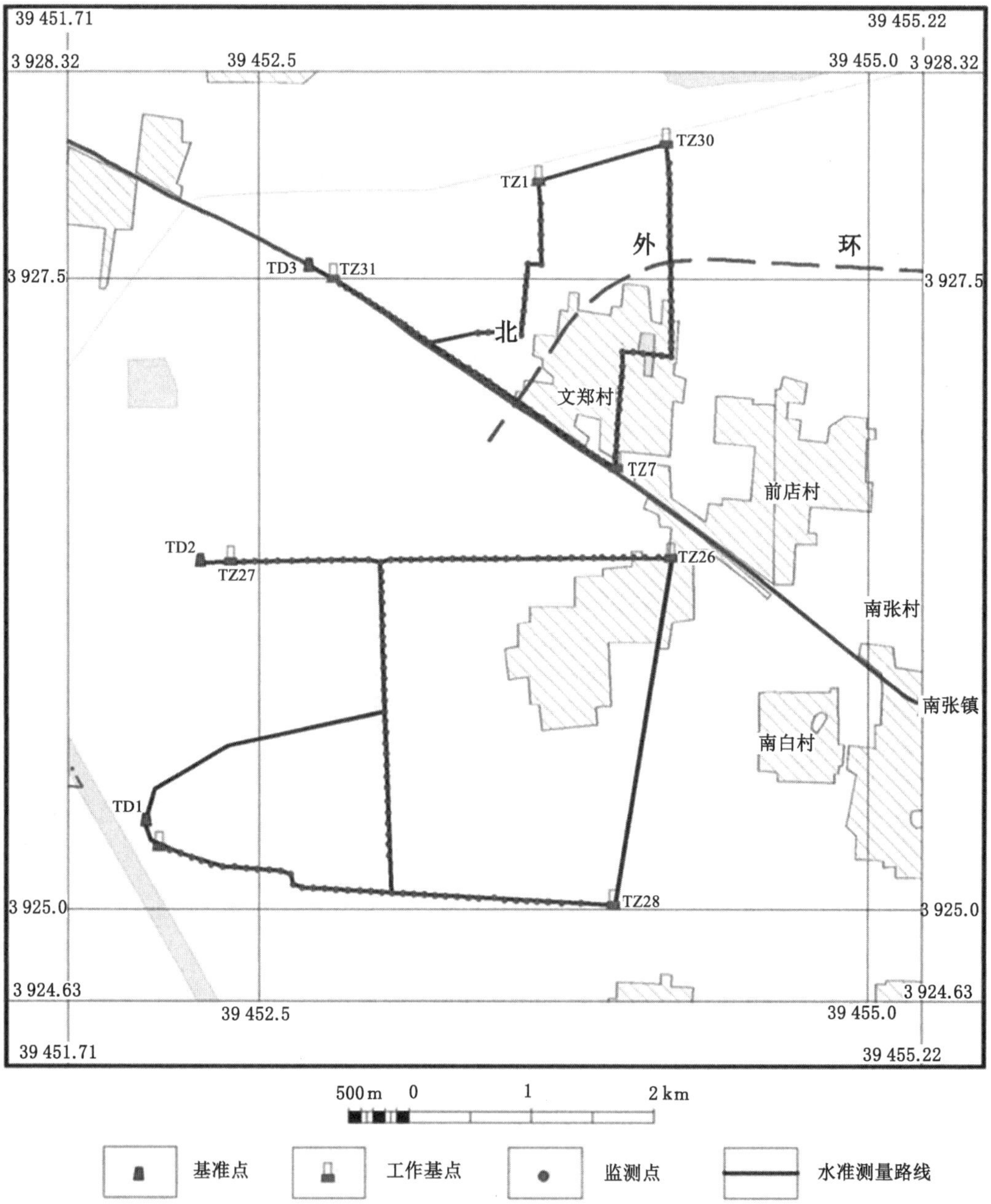

图 3-34　唐口煤矿观测线布置

(6) 点位选在交通方便,有利于其他观测手段扩展与连测的地方。

地面变形监测点埋设分为预制水泥墩和预制钢钉 2 种类型,并在埋设时保留影像记录与点位记录。监测点结构与埋设过程的示意图见图 3-38。

监测区根据设计要求,结合测区的现场的实际情况,共埋设监测点 644 个,其中监测桩 202 个,监测钉 442 个。

本次工作内容严格按照本项目设计和相关规范执行。经过检查,能满足下一步测量需

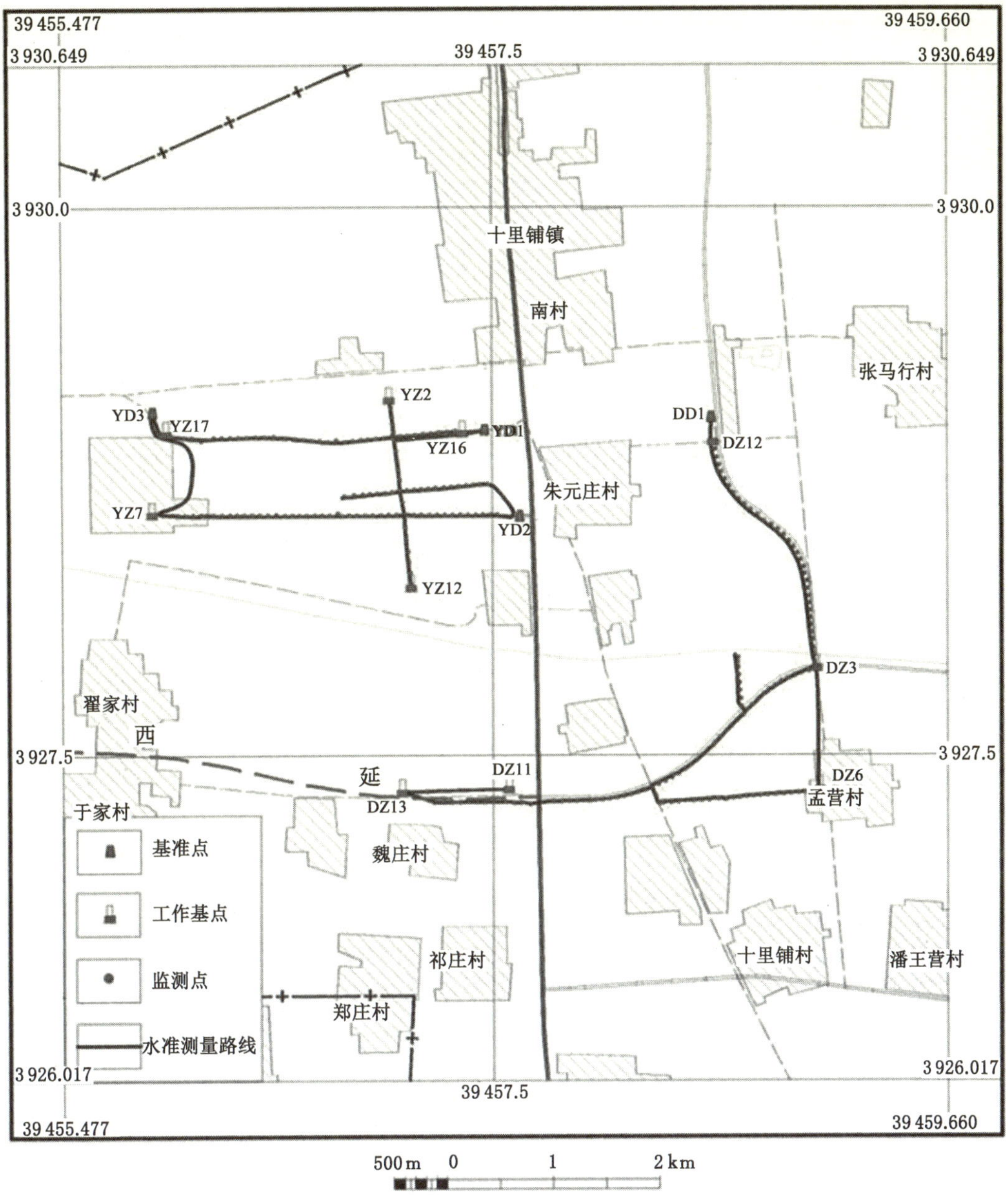

图 3-35 岱庄煤矿和运河煤矿观测线布置

要，测点埋设符合矿山地质环境监测设计要求。

测点埋设并稳定后，对所有测点点位进行平面坐标和高程信息的采集，全面获取各控制站点及监测点现状三维坐标信息。

根据监测区实际情况，采用电子水准仪+铟钢尺进行高程变化信息获取，采用全球定位系统 GNSS 静态测量技术或导线测量技术对监测区进行平面坐标获取。

(1) 基准点平面坐标校准

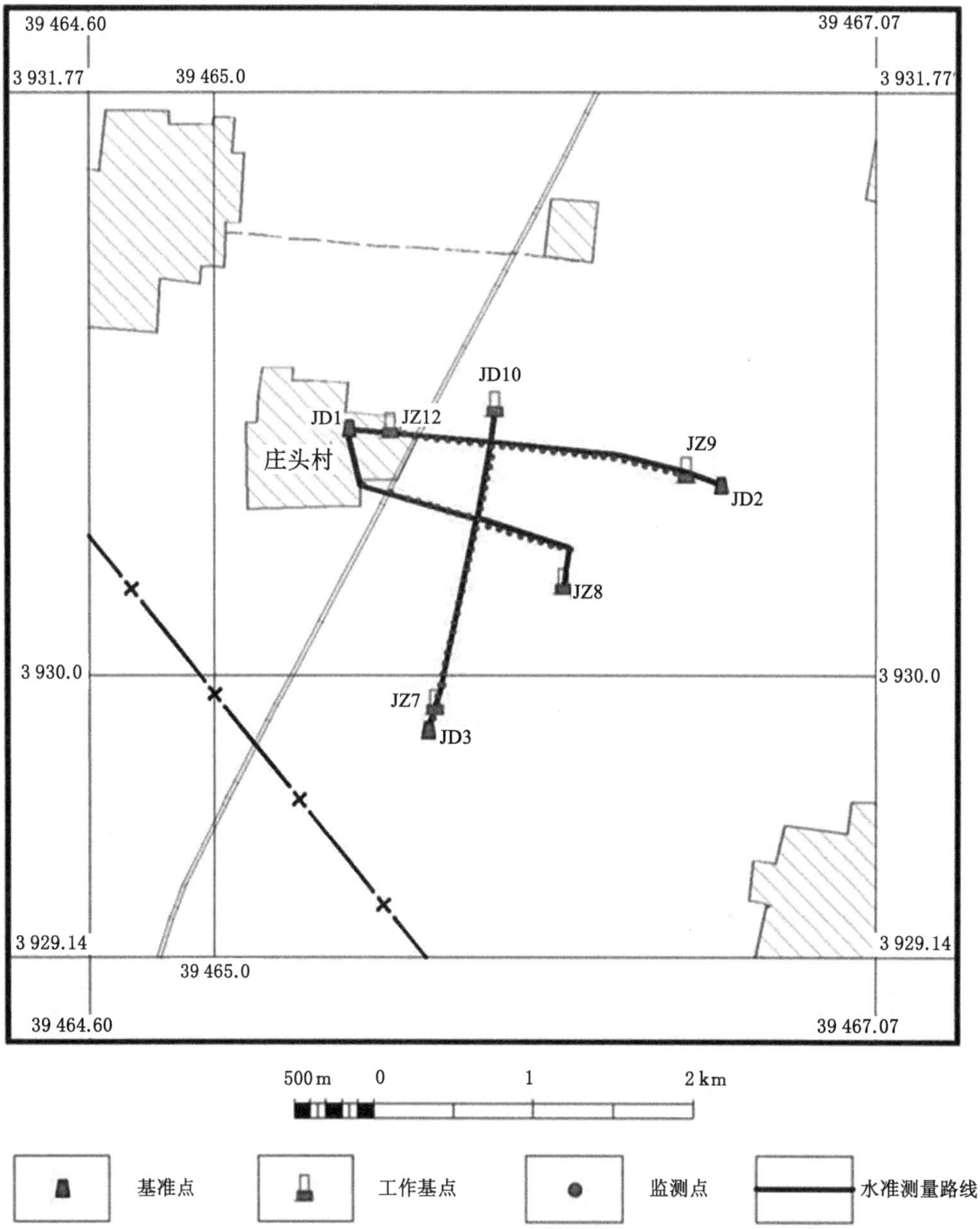

图 3-36　何岗煤矿观测线布置

采用全球定位系统 GNSS 静态测量技术对测区周边已有控制点进行校核。GNSS 卫星接收天线采用三脚架固定，每个控制点观测两次，每次观测 30 min，两次观测成果较差合格后取中数使用，然后采用 TGO 软件中点校正功能，求取测区七参数，校正后点位残差最大 0.5 cm，符合规范要求。

利用 SDCORS 技术，输入求取的七参数，采集测区内控制点，经检核精度符合规范要求，可以使用。检核数据见表 3-7。

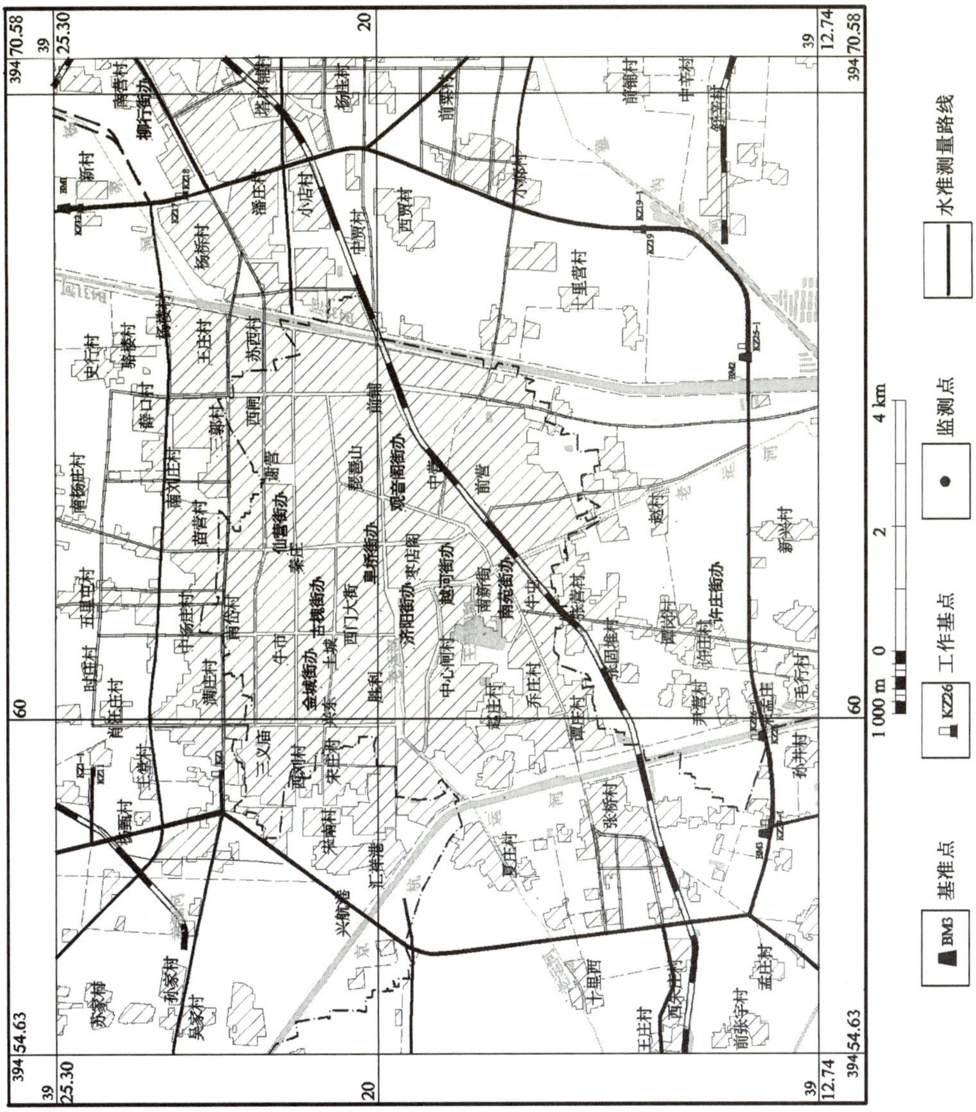

图 3-37 快速公路观测线布置

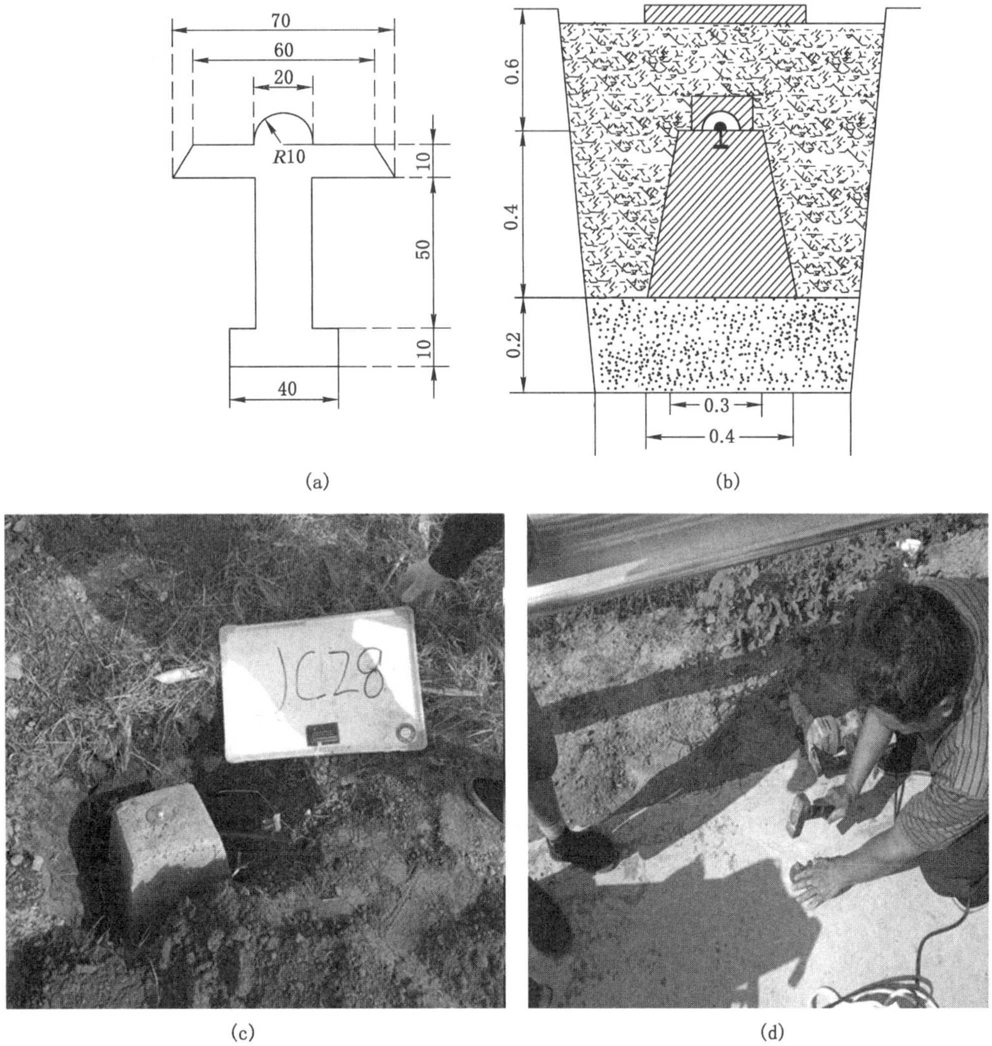

图 3-38　地面变形观测桩结构埋设示意图(单位:m)

表 3-7　测区 C 级点坐标检核误差表

点号	X/m	Y/m	ΔX/cm	ΔY/cm
JQ028	3 931 043.548	457 165.551	0.2	0.3
JQ029	3 922 552.965	458 498.017	0.5	0.6
JQD09	3 928 124.179	466 458.247	0.1	0.2

注:坐标系统为 1980 年西安坐标系统,中央子午线 117°。

(2) 监测点平面坐标获取

监测点平面位置观测采用 SDCORS 快速静态测量方法。SDCORS 快速静态采集定位技术是 GPS 测量技术与数据传输技术相结合的产物,是 GPS 测量技术发展中的一个新的突破。该方法利用无线电通信技术随时将基准站的观测数据传送给流动站,加上快速解算模糊度的技术，使其产生了实时动态定位模式，实时计算定位结果。通过实时定位结果，便可监测观测成果和解算结果的收敛情况，从而能实时地判定解算结果是否成功，以减少冗余观测，缩短观测时间。

基本过程是：基准站数据→调制→发射→接收→流动接收机→解调→电子手簿，构成一条无线数据链。基准站接收机随时将观测数据通过数据链传送给流动站，与流动站接收机的观测数据汇集于电子手簿并进入数据处理系统，实时地提供测点坐标。快速静态测量技术平面控制点测量二级，满足三级导线测量精度，主要技术要求符合表 3-8～表 3-10 的技术要求。

表 3-8 卫星定位测量控制网的主要技术要求

等级	平均边长 /km	固定误差 A /mm	比例误差系数 B /(mm·km^{-1})	约束点间的边长相对中误差	约束平差后最弱边相对中误差
二等	9	≤10	≤2	≤1/250 000	≤1/120 000
三等	4.5	≤10	≤5	≤1/150 000	≤1/70 000
四等	2	≤10	≤10	≤1/100 000	≤1/40 000
一级	1	≤10	≤20	≤1/40 000	≤1/20 000
二级	0.5	≤10	≤40	≤1/20 000	≤1/10 000

表 3-9 导线测量的主要技术要求

等级	导线长度 /km	平均边长 /km	测角中误差/(″)	测距中误差/mm	测距相对中误差	测回数		方位角闭合差/(″)	导线全长相对闭合差
						1″级仪器	2″级仪器		
三等	14	3	1.8	20	1/150 000	6	10	$3.6\sqrt{n}$	≤1/55 000
四等	9	1.5	2.5	18	1/80 000	4	6	$5\sqrt{n}$	≤1/35 000
一级	4	0.5	5	15	1/30 000		2	$10\sqrt{n}$	≤1/15 000
二级	2.4	0.25	8	15	1/14 000		1	$16\sqrt{n}$	≤1/10 000
三级	1.2	0.1	12	15	1/7 000		1	$24\sqrt{n}$	≤1/5 000

注：表中 n 为测站数。

表 3-10 GPS 控制测量作业的基本技术要求

等级		二等	三等	四等	一级	二级
接收机类型		双频	双频	双频	双频	双频
仪器标称精度		$(10+2\times10^{-6})$mm	$(10+5\times10^{-5})$mm	$(10+5\times10^{-5})$mm	$(10+5\times10^{-5})$mm	$(10+5\times10^{-5})$mm
观测量		载波相位	载波相位	载波相位	载波相位	载波相位
卫星高度角/(°)	静态	≥15	≥15	≥15	≥15	≥15
	快速静态	—	—	—	≥15	≥15
有效观测卫星数	静态	≥5	≥5	≥4	≥4	≥4
	快速静态	—	—	—	≥5	≥5
观测时段长度/min	静态	30～90	20～60	15～45	10～30	10～30
	快速静态	—	—	—	10～15	10～15

表 3-10(续)

等级		二等	三等	四等	一级	二级
数据采集间隔/s	静态	10～30	10～30	10～30	10～30	10～30
	快速静态	—	—	—	5～15	5～15
点位几何图形强度因子 PDOP		≤6	≤6	≤6	≤8	≤8

GPS 测量需要采集的数据为已知基准点、检测桩以及监测点的平面和大地高程。如图 3-39所示，在水准点上架设三脚架，利用对中器固定接收机机头，严格对中，整平后开始观测。天线高是指观测时天线平均相位中心至测站中心标志面的高度，分为上、下两段；上段是指相位中心至天线底面的高度，由厂家给出；下段是从天线底面至测站中心标志面的高度，由观测员在现场采用倾斜测量方法直接量取。观测时量取两次天线高，两次量高之差不大于 3 mm，取平均值作为最后天线高，精确到 0.001 m。

图 3-39　GPS 监测数据采集

观测开始前应对仪器初始化，在固定解的状态下测量，每次观测历元数不少于 20 个，采样间隔 2～5 s，每次观测的大地高较差应不大于 1 cm，取平均值作为最终值。监测点、监测桩的平面位置精度要求不大于 0.003 m，通过静态及快速静态采集测量的经纬度对比分析，快速静态采集测量的经纬度满足项目要求。

(3) 高程数据获取

高程数据采用三等水准观测。水准观测中应遵守的事项如下：

① 观测时，须用白色测伞遮蔽阳光。

② 观测前测出倾斜螺旋的置平零点，并做标记，随着气温变化，应随时调整零点位置。对于自动安平水准仪的圆水准器，观测前须严格置平。

③ 在连续各测站上安置水准仪的三脚架时，应使其中两脚架与水准路线的方向平行，而第三脚轮换置于路线方向的左侧与右侧。

④ 除路线转弯处外，每一测站上仪器与前后标尺的三个位置，应接近一条直线。

⑤ 同一测站上观测时，一般不得两次调焦。仅当视线长度小于 10 m，且前后视距差小于 1 m 时，可在观测前后标尺时调整焦距。

⑥ 每一测段的往测和返测，其站数均应为偶数。由往测转向返测时，两支标尺需互换位置，并应重新整置仪器。

⑦ 往返测高差不符值与环线闭合差的限差应符合表 3-11 要求。

表 3-11　高程精度限差表

等级	测段、路线往返测高差不符值/mm	测段、路线的左右路线高差不符值/mm	附合路线或环线闭合差/mm		检测已测测段高差之差/mm
			平原	山区	
四等	$\pm 20\sqrt{K}$	$\pm 14\sqrt{K}$	$\pm 20\sqrt{L}$	$\pm 25\sqrt{L}$	$\pm 30\sqrt{R}$

注：K——路线或测段的长度，km；L——附合路线（环线）长度，km；R——检测测段长度，km。山区指高程超过 1 000 m 或路线中最大高差超过 400 m 的地区。

检测已测测段高差之差的限差，对单程或双程检测均适用。水准环线由不同等级路线构成时，环线闭合差的限差，应按各等级路线长度分别计算，然后取其平方和的平方根为限差。

三、四等水准路线使用武汉大学的控制测量数据处理通用软件包（CODAPS）对测区监测点的高程进行平差计算，形成水准观测成果。

水准测量数据采集见图 3-40，路线成果及完成质量见表 3-12。

(a)　　(b)

图 3-40　水准测量数据采集

表 3-12　采空区全面测量完成工作量及质量统计

名称	工作量			等级	测量时间	闭合差/mm	限差/mm
何岗煤矿	水准测量	引测	6.3 km	三等	2018-09-21	0.37	30.1
		联测	4.8 km	三等	2018-09-22	−1.04	26.3
		全面测量	5.1 km	四等	2018-09-23—2018-09-24	1.42	45.2
		合计	16.2 km				
	水平位移	快速静态	80 点				
运河煤矿	水准测量	引测	2.88 km	三等	2018-10-15	−0.48	20.4
		联测	7.64 km	三等	2018-10-16	2.63	33.2
		全面测量	8.27 km	四等	2018-10-16—2018-10-18	−0.08	57.2
		合计	18.79 km				
	水平位移	快速静态	121 点				
岱庄煤矿	水准测量	引测	3.6 km	三等	2018-10-9	14.2	22.8
		联测	5.2 km	三等	2018-10-10	6.80	27.3
		全面测量	5.8 km	四等	2018-10-11—2018-10-12	0.01	48.2
		合计	14.6 km				
	水平位移	快速静态	124 点				
唐口煤矿	水准测量	引测	8.4 km	三等	2018-10-13—2018-10-14	7.30	34.8
		联测	12.6 km	三等	2018-10-15—2018-10-17	16.10	42.6
		全面测量	6.2+7.6 km	四等	2018-10-17—2018-10-21	17.40	49.8
		合计	34.8 km	四等	2018-10-21—2018-10-22	4.91	55.1
	水平位移	快速静态	198 点				
快速路	水准测量	引测	—				
		联测	23.2 km	三等	2018-10-23—2018-10-25		
		全面测量	26.6 km	四等	2018-10-26—2018-10-27		
		合计	49.8 km				
	水平位移	快速静态	121 点				

周期观测根据监测区实际情况，采用电子水准仪＋铟钢尺进行垂直形变监测，采用全球定位系统 GNSS 静态测量技术对监测区进行水平位移监测。

3.3.2　监测数据规律分析

3.3.2.1　新观测数据整理

在观测站布置完成后，持续开展了开采影响区地表下沉及移动变形观测工作。自 2018 年 9 月 21 日至 2019 年 7 月 14 日对各矿正在开采区域和老采空区的地表移动变形进行了观测。其中，部分观测线进行了 10 次观测，部分观测线进行了 11 次观测。各矿正在开采的工作面区域对应的观测线的下沉曲线如图 3-41～图 3-55 所示。

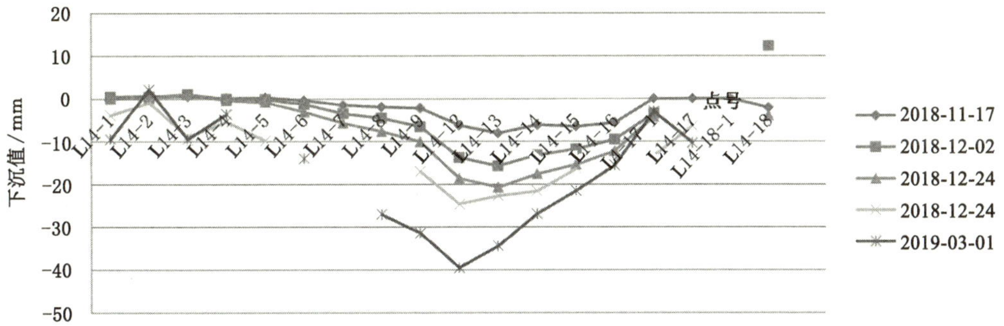

图 3-41　岱庄煤矿 L14 观测线实测结果

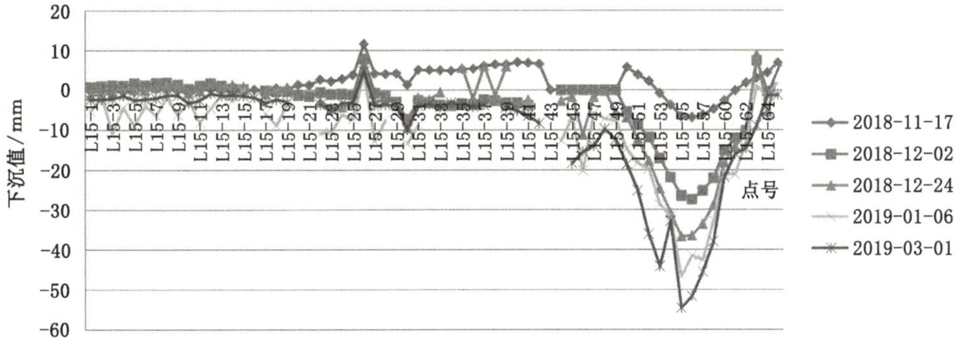

图 3-42　岱庄煤矿 L15 观测线实测结果

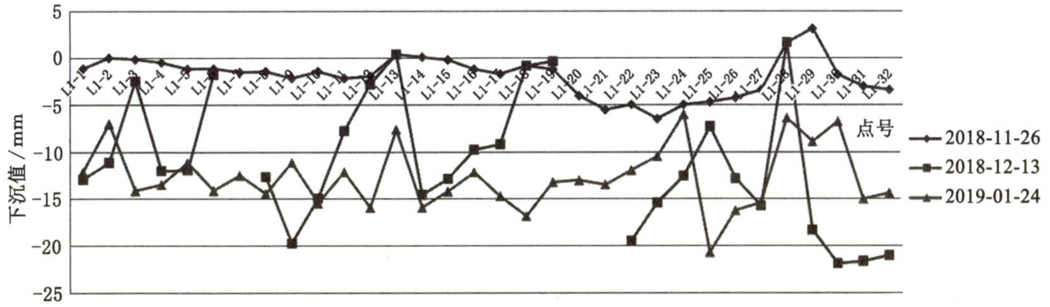

图 3-43　岱庄煤矿 L1 观测线实测结果

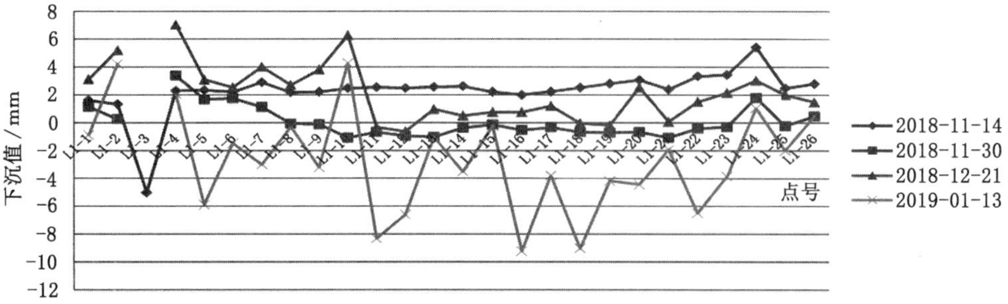

图 3-44　何岗煤矿 L1 观测线实测结果

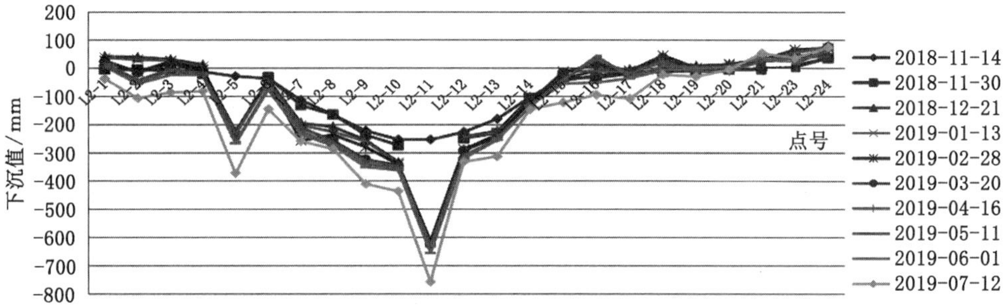

图 3-45　何岗煤矿 L2 观测线实测结果

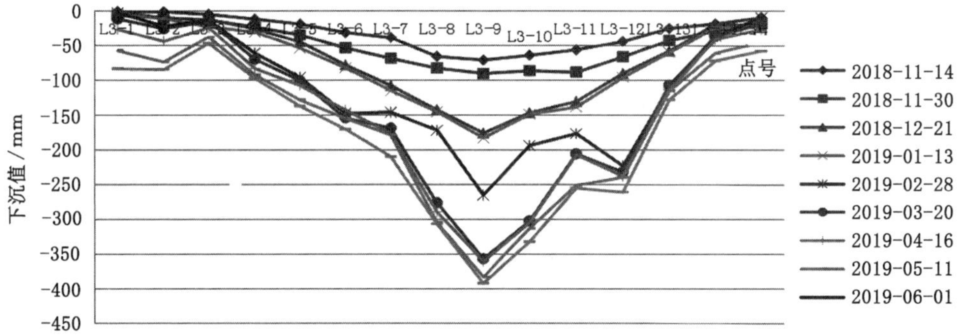

图 3-46　何岗煤矿 L3 观测线实测结果

(1) 岱庄煤矿

岱庄煤矿 L14 观测线位于充填 10 工作面上方,该工作面开采时间为 2018 年 4 月 9 日至 2019 年。截至观测截止时间,该工作面仍未回采结束。

自 2018 年 10 月 9 日至 2019 年 3 月 1 日的近 5 个月内,该测线最大下沉点位于 L14-13 点,下沉值为 38 mm。

岱庄煤矿 L15 观测线部分位于老采空区上方,其中老采空区部分为 2002—2004 年开采的长壁工作面。该部分测点编号为 L15-1～L15-49。部分位于充填 10 工作面上方,该工作面开采时间为 2018 年 4 月 9 日至 2019 年,截至观测截止时间,该工作面仍未回采结束。该部分测点编号为 L15-50～L15-64。

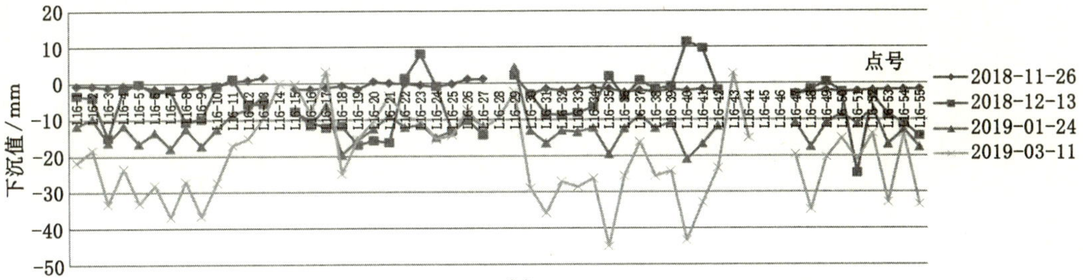

(a)

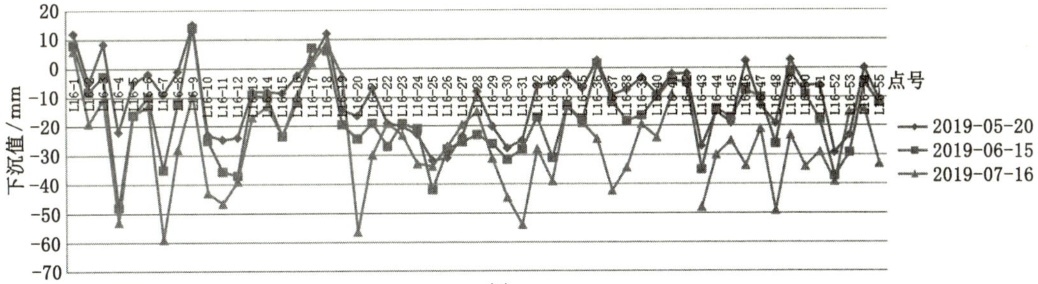

(b)

图 3-47 快速路 L16 观测线实测结果

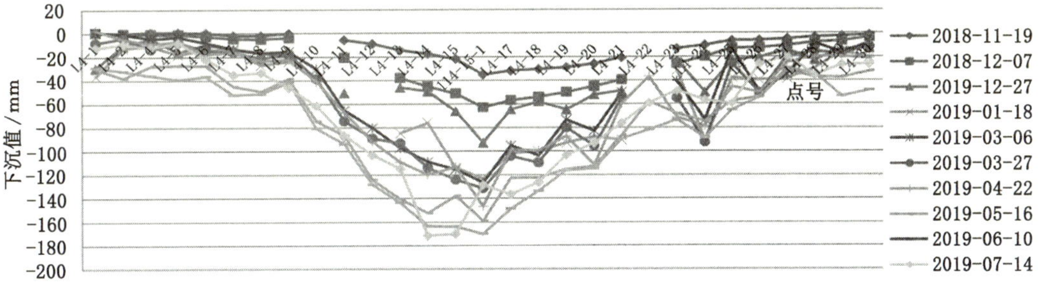

图 3-48 唐口煤矿 L4 观测线实测结果

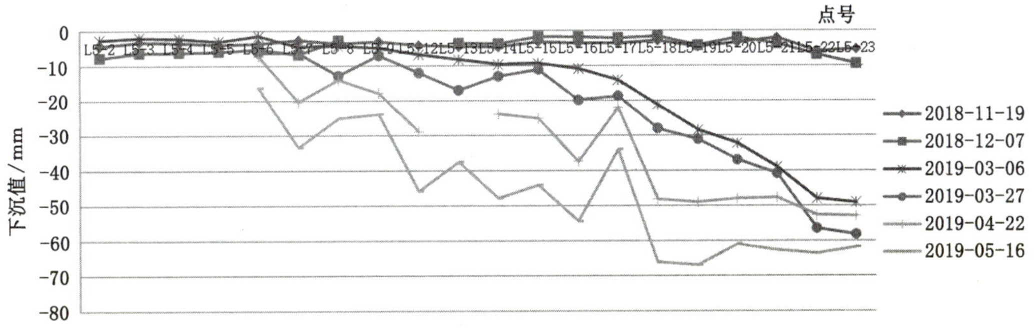

图 3-49 唐口煤矿 L5 观测线实测结果

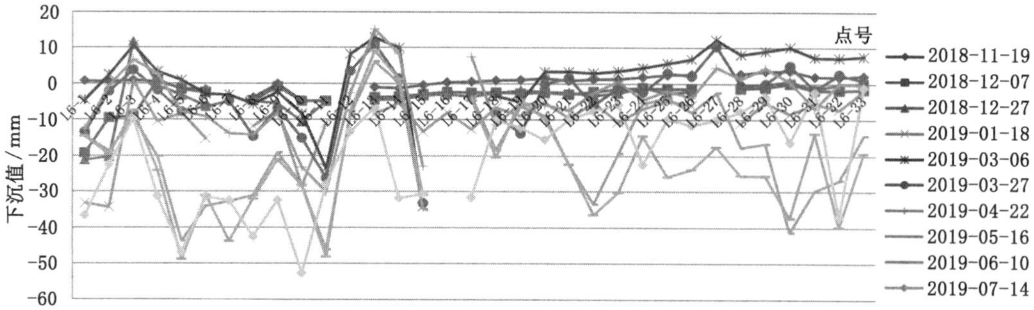

图 3-50 唐口煤矿 L6 观测线实测结果

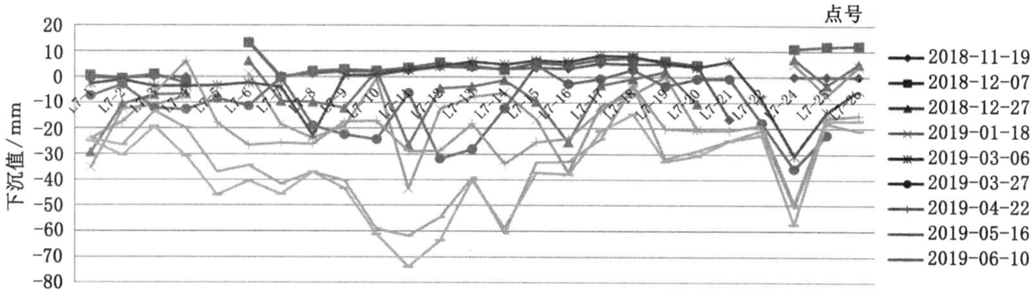

图 3-51 唐口煤矿 L7 观测线实测结果

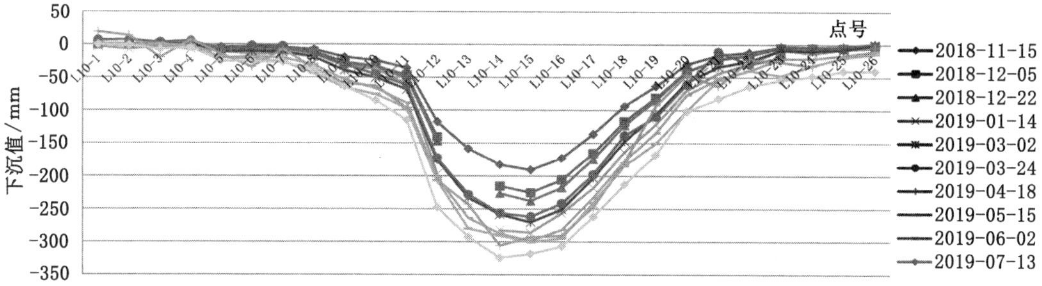

图 3-52 运河煤矿 L10 观测线实测结果

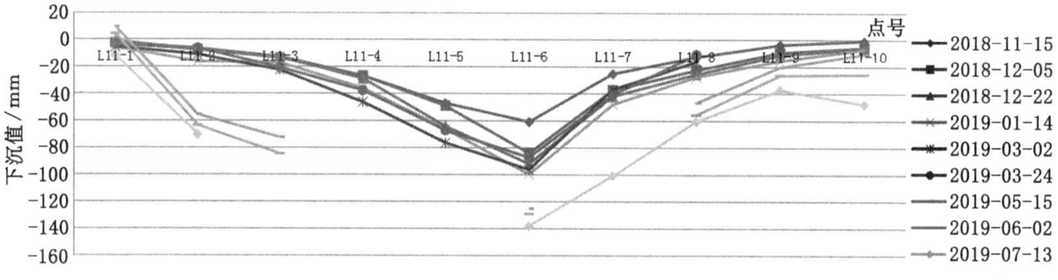

图 3-53 运河煤矿 L11 观测线实测结果

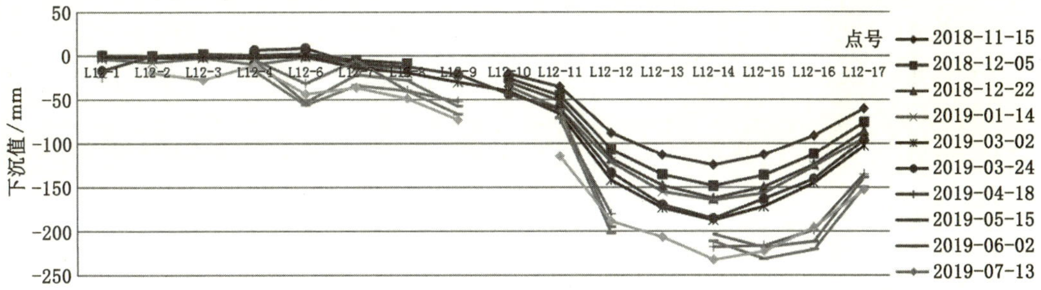

图 3-54　运河煤矿 L12 观测线实测结果

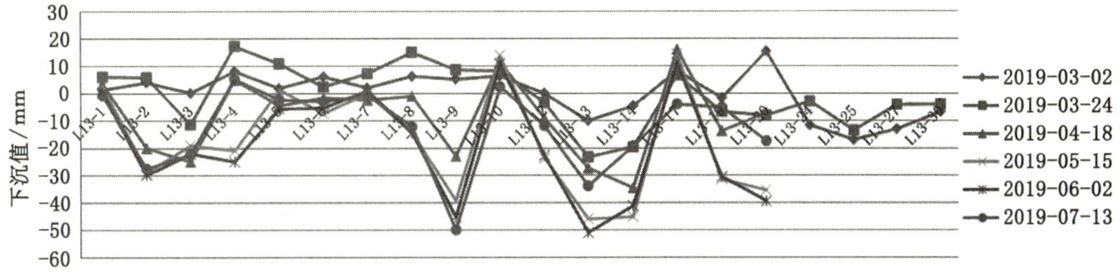

图 3-55　运河煤矿 L13 观测线实测结果

自 2018 年 10 月 9 日至 2019 年 3 月 1 日的近 5 个月内，老采空区上方的测点基本没有明显的下沉。位于充填 10 工作面上方测线最大下沉点位于 L15-55 点，下沉值为 54 mm。

岱庄煤矿 L1 观测线位于条带开采老采空区上方，老采空区开采时间为 2003—2006 年。自 2018 年 10 月 23 日至 2019 年 1 月 24 日的 3 个多月内，老采空区上方的测点基本没有明显的下沉。

（2）何岗煤矿

何岗煤矿 L1 观测线位于 2004 年开采的长壁工作面 3206 上方，自 2018 年 9 月 21 日—2019 年 1 月 13 日的近 4 个月内，该测线未测得明显的下沉值，该区域地表基本处于稳定状态。

何岗煤矿 L2 和 L3 观测线位于 3208 工作面上方，该工作面开采时间为 2018 年 7 月 9 日至 2020 年。截至观测截止时间，该工作面仍未回采结束。

自 2018 年 9 月 21 日至 2019 年 7 月 12 日的近 10 个月内，L2 测线最大下沉点位于 L2-12点，下沉值为 760 mm。

自 2018 年 9 月 21 日至 2019 年 6 月 1 日的 8 个多月内，L3 测线最大下沉点位于 L3-9 点，下沉值为 380 mm。

（3）快速路

快速路 L16 观测线主要通过了三个煤矿，其中 L16-1～L6-14 测线位于许厂煤矿 2007—2015 年的条带开采区域；L16-15～L6-29 测线位于安居煤矿 2015—2016 年的综采工作面区域；L16-30～L16-55 位于济二煤矿 1998—2016 年的综放开采影响区域。

自 2018 年 10 月 23 日至 2019 年 3 月 1 日的 4 个多月和 2019 年 4 月 29 日至 2019 年 7

月 16 日近 3 个月的两个测段内的数据表明，该区域未呈现出明显的规律性下沉。

(4) 唐口煤矿

唐口煤矿 L4 和 L5 观测线位于 3313 工作面上方，该工作面开采时间为 2018 年 4 月至 2019 年 1 月。

自 2018 年 10 月 13 日至 2019 年 7 月 14 日的 9 个多月内，L4 测线最大下沉点位于 L4-15 点，下沉值为 172 mm。

自 2018 年 10 月 13 日至 2019 年 5 月 16 日的 7 个多月内，L5 测线最大下沉点位于 L5-19点，下沉值为 68 mm。

唐口煤矿 L6 观测线位于 2008—2015 年开采的长壁工作面上方。L7 观测线位于 2015—2018 年开采的条带工作面上方。

自 2018 年 10 月 13 日至 2019 年 7 月 14 日的 9 个多月内，L6 测线未呈现出明显的下沉。

自 2018 年 10 月 13 日至 2019 年 6 月 10 日的近 8 个月内，L7 测线最大下沉点位于 L7-11点，下沉值为 73 mm。

(5) 运河煤矿

运河煤矿 L10、L11、L12 观测线位于 2018 年 7 月至 2018 年 11 月开采的 9309 综放工作面上方。

自 2018 年 10 月 15 日至 2019 年 7 月 13 日的近 9 个月内，L10 测线最大下沉点位于 L10-14点，下沉值为 320 mm；L11 测线最大下沉点位于 L11-6 点，下沉值为 140 mm；L12 测线最大下沉点位于 L12-14 点，下沉值为 230 mm。

运河煤矿 L13 观测线位于 2009 年 8 月至 2010 年 6 月开采的 9302 综放工作面上方。

自 2019 年 1 月 13 日至 2019 年 7 月 13 日的 6 个月内，L13 测线未呈现出明显的下沉。

3.2.2.2 概率积分法参数动态反演

从上节统计结果中可以看出，自 2018 年 9 月至 2019 年 7 月的观测数据中，呈现出明显下沉的为周边有开采活动的区域。截至 2019 年 7 月，影响各观测线的开采活动仍未达到稳沉状态。因此，需要采用动态反演的方法进行参数求取。从对已有观测成果的整理结果可知，下沉系数随地质采矿条件的变化，呈现出一定的规律性，而其余参数各矿具有各自的特点，因此，在求参数时，主要集中于对下沉系数的求取，其余参数以已有的实测参数为准。

(1) 动态求参数基本原理

模矢法(pattern search)是一种求解无约束极值问题的解法。由胡克(Hooke)和基夫斯(Jeeves)于 1961 年提出，是一种直接解法。这一方法具有易于编制计算机程序，易于利用矩形工作面的数据求取参数等优点。

假定欲求取某实值函数 $f(x)$ 极小点，为此任选一基点 B_1(初始近似点)，算出此点的目标函数值。然后沿某个坐标方向以某一步长 Δi 进行探索，即比较 B_1、$B_1+\Delta i$ 以及 $B_1-\Delta i$ 的目标函数值，以目标函数值最小(最小化问题中)的点为临时矢点；再由此点出发沿另一坐标方向进行同样的探索，如果能得到比以前更好的点，就以该点代替前面的点作为新的临时模矢点。如此沿各个坐标方向轮流探查一遍，并选这一轮探索最好的点(最后的临时矢点)为第二个基点 B_2。由第一个基点 B_1 到第二个基点 B_2 构成第一个模矢。对第一个基点来说，这是使目标函数得以改善的最有利的移动方向，沿这一方向前进，目标函数值下降“最快”(就 B_1 附近而言)。显然,这一方向近似于目标函数的负梯度方向。现在假定在第二个基点 B_2 附近进行类似的探索,其结果可能和在 B_1 处的情形相同,故略去这一步探索而把第一个模矢加长一倍(即所谓的加速),现在假设其端点 T_{20} 就构成第二个模矢的终点(以下称初始临时矢点),这样,B_2T_{20} 附近进行类似的探索,得出新的最好的点——第三个基点 B_3。据此修改假定的第二个模矢,使它的起点为 B_2,终点为 B_3。其后,再把第二个模矢延长一倍……如此继续进行探索和加速,即得到越来越好的目标函数下降点。

如果探索进行到某一步时得不到新的下降点,则应缩小步长以便进行更精细的探索。当步长已缩小到某一精度要求,但仍得不到新的下降点时,即可以将该点作为所求的近似最优点,就此停止迭代。

(2) 模矢法求取参数的计算机实现

① 构筑误差函数

程序求取参数模块利用水平移动和下沉值求取概率积分法所要的参数。假设对 N 个下沉观测点有以下的误差函数为:

$$\varepsilon(B)=\sum_{i=1}^{N}[W(B)-W(\text{实})]^2 \tag{3-1}$$

式中,$W(\text{实})$为计算得到的两次下沉值之差;$W(B)$为计算得到的动态下沉值。

② 准备数据

求参数所需要的起始数据有:工作面的有关参数,实测点坐标,观测方向,参数初始值。

③ 选择步长确定基点

(a) 初始基点

选择初始近似点 B_1 作为第一个基点。$B_1=(q_0,\tan\beta_0,\theta_0,S_{10},S_{20},S_{30})T$,选择步长为参数的初值的 5%。即步长=参数初值×5%。

式中,q_0 为下沉系数初始值;$\tan\beta_0$ 为主要影响角正切初始值;θ_0 为最大下沉角初始值;S_{10},S_{20},S_{30},S_{40}分别为开切眼、停采线、上山和下山方向拐点偏移距初始值。

开采影响传播角的步长选择 0.5°。

(b) 确定第二个基点

用第一个基点参数和工作面的参数送入预计程序,计算出误差函数值 $\varepsilon(B_1)$。考虑点 $B_1+\Delta i=(q_0+\Delta q$,其他参数不变$)T$,用 $B_1+\Delta i$ 送入预计程序,计算出误差函数 $\varepsilon(B_1+\Delta 1)$。

考虑点 $B_1-\Delta i=(q_0-\Delta q$,其他参数不变$)T$,用 $B_1-\Delta i$ 代入预计程序模块,计算出误差函数。

比较 $\varepsilon(B_1)$、$\varepsilon(B_1+\Delta 1)$、$\varepsilon(B_1-\Delta 1)$,其中误差函数值最小者对应的参数为临时矢点,并记为 T_{11}。

同理,对下一个变量进行类似的计算,求得 T_{12}。对所有的参数都进行了类似的探查后,求得 T_{ij}。

④ 求参数结束准则

对于第 i 个模矢,如果 $\varepsilon(T_{ik})>\varepsilon(B_i)$,则在 B_i 附近进行探索,如果能得到新的下降点则将步长缩短进行更精细的探查;否则模矢求参数结束。

(3) 动态求参数方法

动态求参数的具体方法如下:

① 输入工作面周边测线相邻平面坐标和高程的观测值。

② 输入工作面信息及动态预计时工作面的划分尺寸，并输入两次测量距离工作面开始开采的时间 t_1，t_2。

③ 输入参数初值及上下界。

④ 分别预计格网点在 t_1，t_2 时的下沉量 W_1 和 W_2，W_2 与 W_1 之差即为 t_1 到 t_2 时间内的下沉量。

⑤ 两次实测高程相减，得到实测下沉量。

⑥ 实测下沉量与计算下沉量之差，即为拟合误差。

⑦ 根据拟合误差判断是否继续迭代，如需继续迭代，就重新选取参数，从步骤④开始。

动态求参数的流程图见图 3-56。

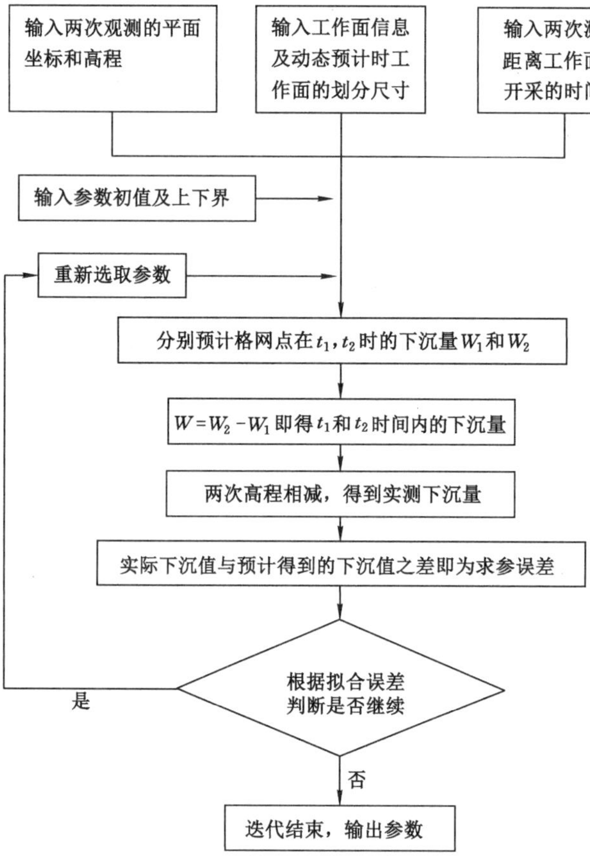

图 3-56 动态求参数的流程图

(4) 参数求取结果

① 运河煤矿

运河煤矿参数的求取主要是依据 9309 综放工作面上 YHL12 测线的观测数据，观测线的布设与井下工作面的对应关系如图 3-57 所示。运河煤矿 9309 综放工作面于 2018 年 4 月开采，并于 2018 年 11 月停采，工作面平均采深为 380 m，采厚为 4.2 m。

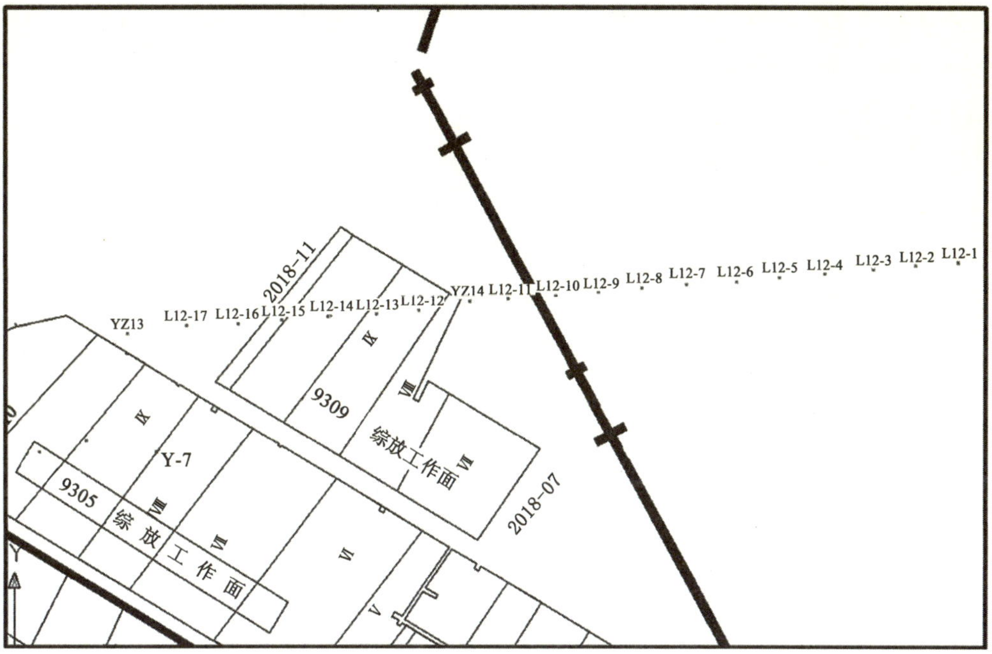

图 3-57　9309 综放工作面观测线布置示意图

根据实测数据，采用上述动态参数反演方法，求得运河煤矿参数为：

a. 下沉系数＝0.41；

b. 主要影响角正切＝2.31；

c. 水平移动系数＝0.25；

d. 最大下沉角＝88.00°；

e. 左拐点偏移距＝5.85 m；

f. 右拐点偏移距＝6.00 m；

g. 上拐点偏移距＝－8.83 m；

h. 下拐点偏移距＝－5.52 m。

部分时段拟合效果如图 3-58 所示。

② 唐口煤矿

唐口煤矿参数的求取主要是依据 3313 工作面上 TKL4 测线的观测数据，观测线的布设与井下工作面的对应关系如图 3-59 所示。唐口煤矿 3313 工作面于 2018 年 4 月开采，并于 2019 年 1 月停采，工作面平均采深为 780 m，采厚为 6.3 m。

根据实测数据，采用上述动态参数反演方法，求得唐口煤矿参数为：

a. 下沉系数＝0.72；

b. 主要影响角正切＝2.25；

c. 水平移动系数＝0.28；

d. 最大下沉角＝86.00°；

e. 左拐点偏移距＝19.04 m；

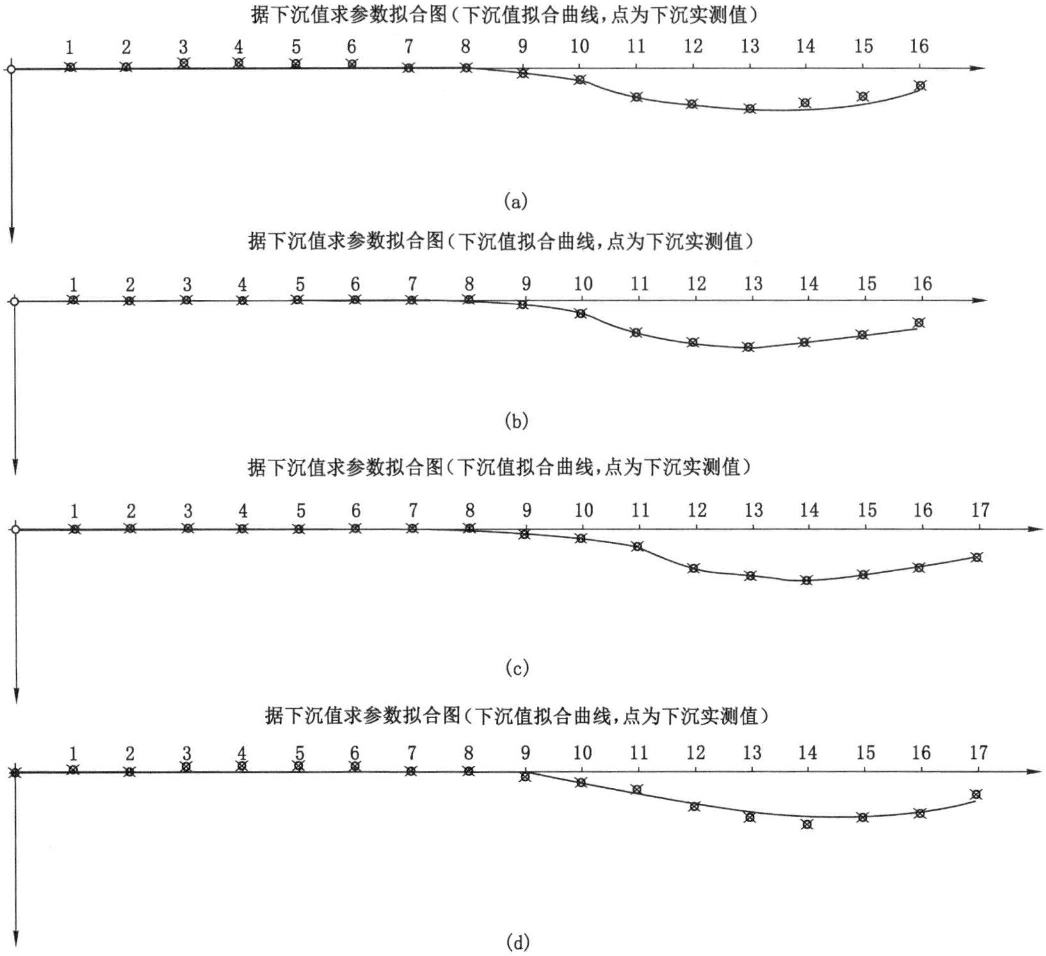

图 3-58　9309 综放工作面求参数拟合效果图

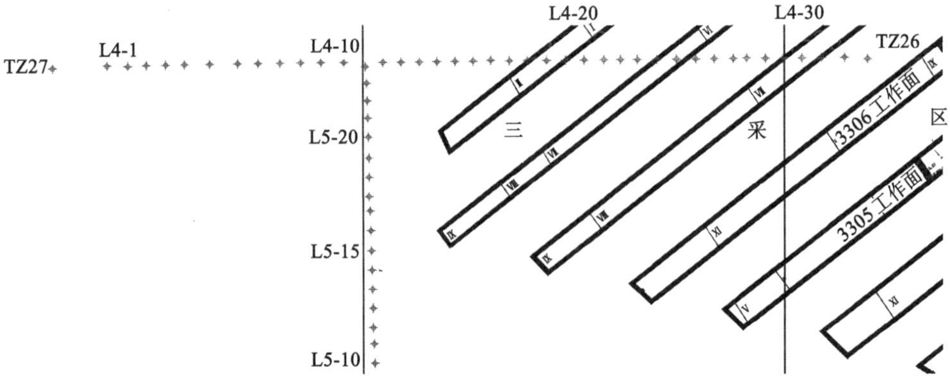

图 3-59　3313 工作面观测线布置示意图

f. 右拐点偏移距＝52.99 m；

g. 上拐点偏移距＝3.81 m；

h. 下拐点偏移距＝35.88 m。

部分时段拟合效果如图 3-60 所示。

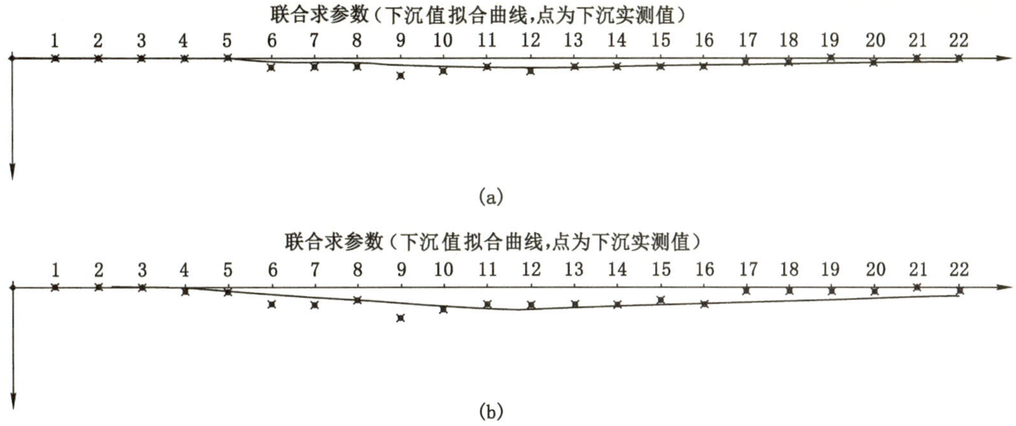

图 3-60　3313 工作面求参拟合效果图

③ 岱庄煤矿

岱庄煤矿参数的求取主要是依据充填 10 工作面上 DZL15 测线的观测数据，观测线的布设与井下工作面的对应关系如图 3-61 所示。岱庄煤矿充填 10 工作面于 2018 年 4 月 9 日开始开采，工作面平均采深为 343 m，采厚为 2.8 m。

根据实测数据，采用上述动态参数反演方法，求得岱庄煤矿参数为：

a. 下沉系数＝0.92；

b. 主要影响角正切＝1.83；

c. 水平移动系数＝0.29；

d. 最大下沉角＝75.00°；

e. 左拐点偏移距＝－4.42 m；

f. 右拐点偏移距＝0.54 m；

g. 上拐点偏移距＝27.60 m；

h. 下拐点偏移距＝24.84 m。

部分时段拟合效果如图 3-62 所示。

④ 何岗煤矿

何岗煤矿参数的求取主要是依据 3208 工作面上 HGL3 测线的观测数据，观测线的布设与井下工作面的对应关系如图 3-63 所示。何岗煤矿 3208 工作面于 2018 年 7 月开始开采，工作面平均采深为 370 m，采厚为 2.3 m。

根据实测数据，采用上述动态参数反演方法，求得何岗煤矿参数为：

a. 下沉系数＝0.81；

b. 主要影响角正切＝1.8；

c. 水平移动系数＝0.24；

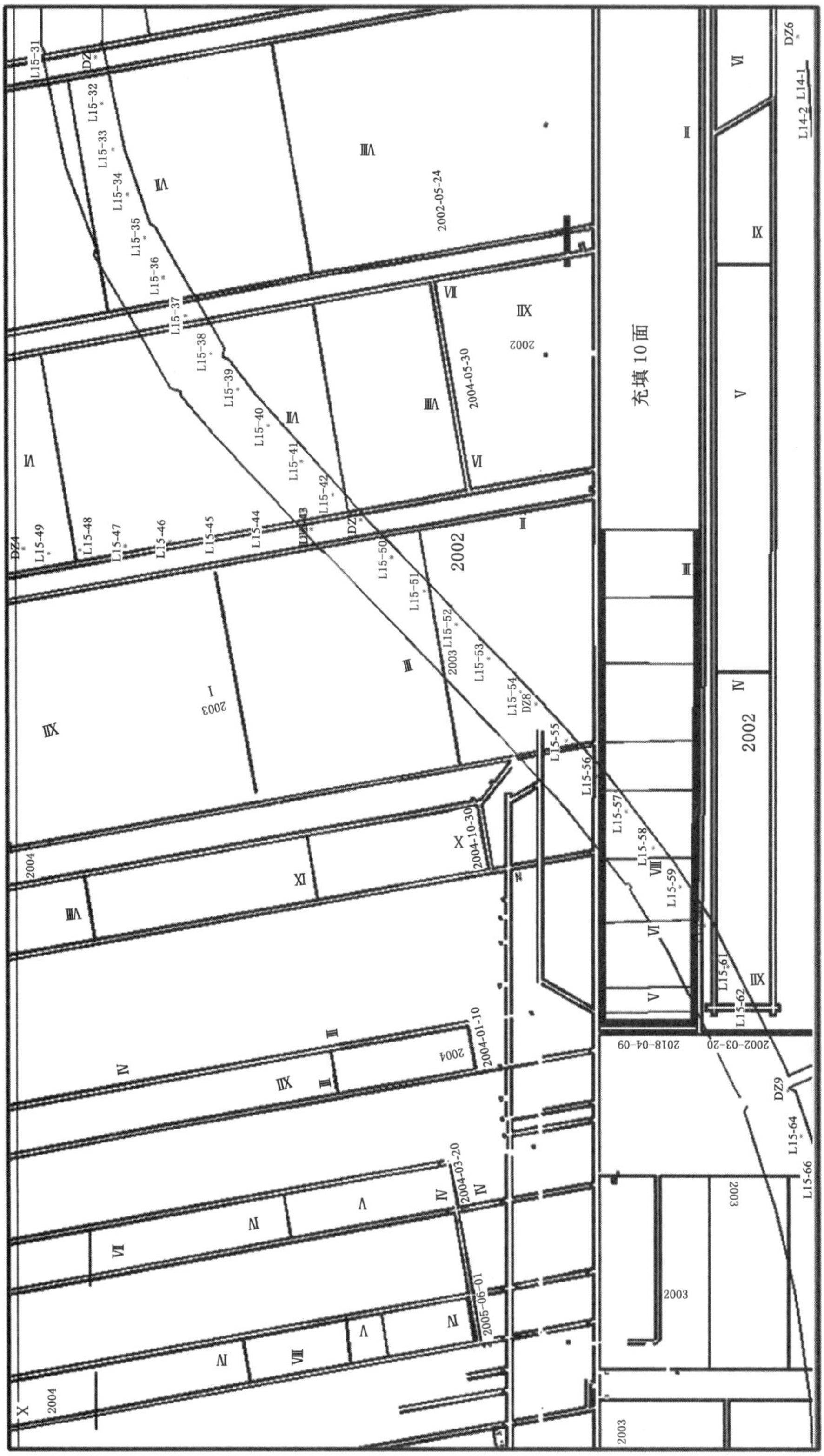

图 3-61　充填 10 工作面观测线布置示意图

图 3-62　充填 10 工作面求参数拟合效果图

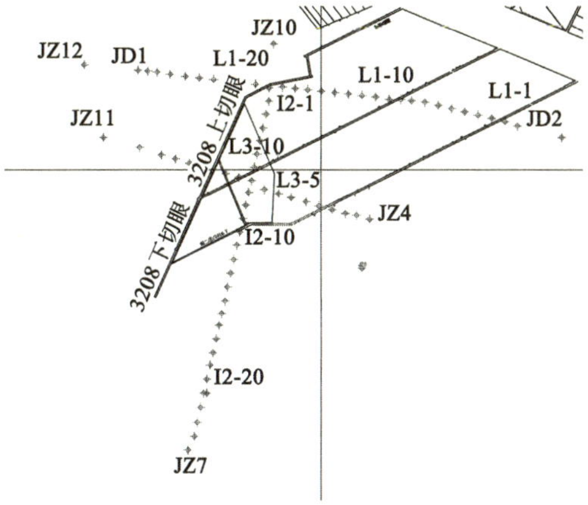

图 3-63　3208 工作面观测线布置示意图

d. 最大下沉角＝89.5°；

e. 左拐点偏移距＝2.45 m；

f. 右拐点偏移距＝4.42 m；

g. 上拐点偏移距＝2.45 m；

h. 下拐点偏移距＝17.94 m。

部分时段拟合效果如图 3-64 所示。

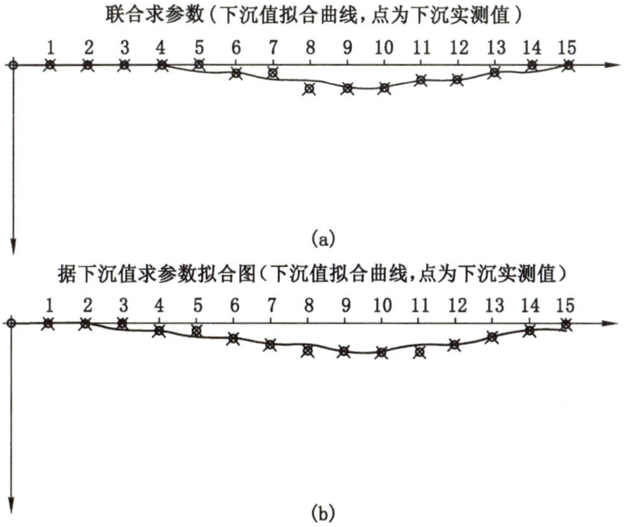

图 3-64　3208 工作面求参数拟合效果图

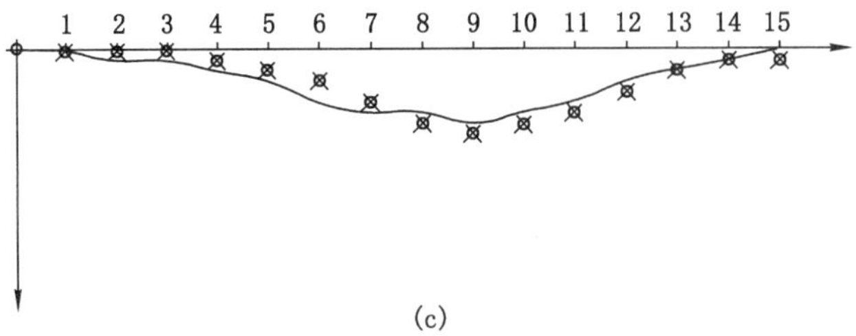

(c)

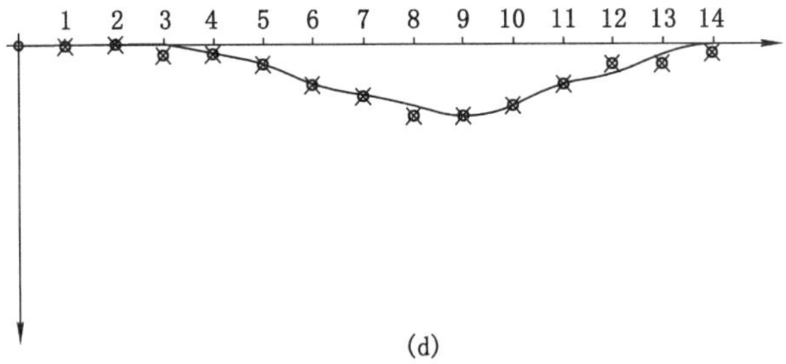

(d)

图 3-64 （续）

从求参数结果中可以看出，新测数据反演参数与已有观测站参数保持了良好的一致性，证实已有成果的实用性。

3.2.2.3 角量参数求取

各新观测线对应的工作面情况见表 3-13，求取的角量参数见表 3-14。

表 3-13 各观测站工作面基本信息

煤矿名称	工作面名称	采长/m	采宽/m	采厚/m	表土层厚度/m	平均采深/m
岱庄煤矿	充填 10	373	78	2.80	246	343
济二煤矿	$23_{下}$ 01	859	209	5.06	196	550
唐口煤矿	3313	1 431	69	6.30	221.4	780
	3312	1 031	69	5.52	223	750
	2311	769	100	3.55	219	770
	2309	1 392	180	4.54	219	900
运河煤矿	9309	232	148	4.20	218	378
安居煤矿	1304	686	105	2.80	228	880
许厂煤矿	5317	558	36	3.50	201	510
何岗煤矿	3208	303	167	2.30	197	370

表 3-14 各观测站工作面实测角量参数

煤矿名称	工作面名称	移动角/(°)			边界角/(°)		
		走向	上山方向	下山方向	走向	上山方向	下山方向
岱庄煤矿	充填 10				74	69	74

表 3-14(续)

煤矿名称	工作面名称	移动角/(°)			边界角/(°)		
		走向	上山方向	下山方向	走向	上山方向	下山方向
济二煤矿	$23_{下}01$				54	36	54
唐口煤矿	3313				58	58	41
	3312				80	80	72
	2311				60	60	36
	2309				68	68	67
运河煤矿	9309				74	75	74
安居煤矿	1304				70	70	58
许厂煤矿	5317				56	41	56
何岗煤矿	3208	76	76	88	70	70	72

从表 3-13 可以看出，所测几条测线对应的表土层厚度变化不大，因此，不再进行边界角随表土层厚度变化规律分析，仅分析边界角与采深和采厚关系。

从表 3-14 可以看出，由于观测时段内各测线地表移动变形量均不大，仅何岗煤矿求取出了移动角参数，其余观测站对应地表移动变形量仍未达到移动角临界变形值，因此，仅对边界角进行分析。

从图 3-65 可以看出，由于监测区域仍处于移动变形中，未达到稳沉状态，角量参数未呈现明显的规律性。

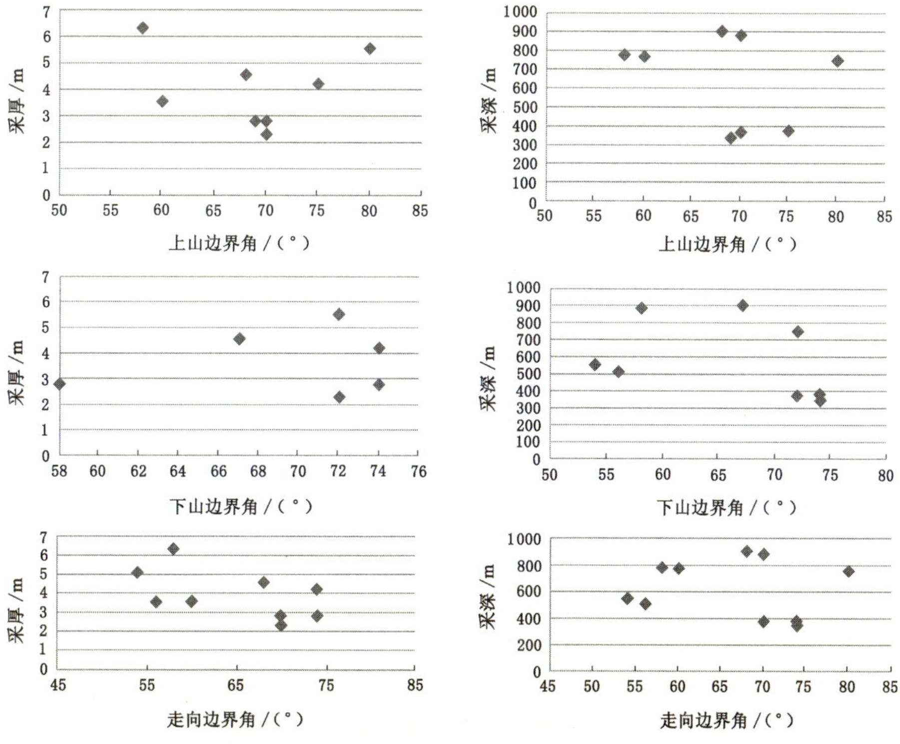

图 3-65　新测边界角随采厚和采深变化的规律

4 InSAR 开采沉陷监测与采空区稳定性评价技术研究

传统地表形变监测技术(水准测量、GPS、全站仪等)的测量精度高,但却存在成果不连续、空间覆盖率低的缺陷[62-63],不易于实现采煤塌陷地的调查。而当前三维激光扫描与无人机低空摄影测量的形变监测精度相对较低,难以满足采空区稳定性评价的要求[64]。随着高分辨率、短重访周期 SAR 卫星的连续升空以及数据处理手段的不断发展,InSAR 获取地表形变的精度已达毫米级[65],使该技术在煤矿区地表变形监测领域得到广泛应用[66-70]。

4.1 InSAR 形变监测方式选择

济宁市城市规划区范围内正在开采工作面与老采空区错杂;对于正在开采区域,沉陷量级大、速率快、范围小;而对于老采空区,地表变形速率慢、范围广,对监测精度要求高。针对该特殊性,本项目 InSAR 形变监测方式采用常规 D-InSAR 与短基线时序分析(SBAS-InSAR)相结合的解译方法进行。D-InSAR 方法处理得到的差分干涉图能够直观反映评价区内正在开采位置的沉陷状况,可确定开采的空间范围和沉陷形态,有利于指导矿山地质环境调查工作高效、有针对性地开展。SBAS 时序分析方法可以获取连续时段内的累计沉降量值,不仅能够为稳定区域、沉降区域、塌陷地的正确划分提供直接依据,而且可以对不同开采条件(停采时间、采深、采厚)下老采空区形变特征的分析提供数据基础。结合两者各自的优势,既可以获取开采面的辐射范围和影响面积,又可以掌握老采空区的地表形变特征,达到全面实现采空区形变调查的目的。

(1) InSAR 形变测量原理

InSAR 形变测量的基本原理是通过对形变前、后的两组干涉对进行差分,并将因地形和参考椭球面引起的相位变化从中移除,进而得到形变信息。根据地形相位去除方式或所用影像数目的不同,该技术分为“二轨法”、“三轨法”和“四轨法”三种模式。图 4-1 为“二轨法”差分干涉测量的原理图,并显示了各要素间的空间几何关系。

由于在重复轨道干涉测量模式中,经干涉后所得相位与参考椭球、地面点位置、地表形变、大气延迟及各类系统噪声等诸多因素有关。因此,总体干涉相位可表示如下:

$$\varphi_{\mathrm{tol}}=\varphi_{\mathrm{flat}}+\varphi_{\mathrm{topo}}+\varphi_{\mathrm{defo}}+\varphi_{\mathrm{orbit}}+\varphi_{\mathrm{atm}}+\varphi_{\mathrm{noise}} \tag{4-1}$$

式中,φ_{flat}为参考椭球面相位;φ_{topo}为地形相位;φ_{defo}为沿雷达视线向(line of sight,LOS)的形变相位;φ_{orbit}为轨道误差引起的相位;φ_{atm}为大气延迟相位;φ_{noise}为噪声引起的相位。

在上述诸多因素中,轨道误差 φ_{orbit}可以用低阶多项式进行拟合或利用精密轨道数据加以消除;而大气延迟相位 φ_{atm}与噪声引起的相位 φ_{noise}所占比重较小,可直接忽略或通过滤波方法在一定程度上削弱。因此,总体干涉相位中主要因素为:参考椭球面、地形和形变相位,以下做详细表述。

① 参考椭球面相位(平地效应相位)

若目标点 P 位于参考椭球面上(即相对于参考椭球面的高程为零),则称其对干涉相位的贡献量为 φ_{flat}。如图 4-1 所示,ρ_1、ρ_2 分别为 P 到雷达、天线两位置的距离,由于空间基线距 $B_{\text{spa}} \ll \rho_1$、$B_{\text{spa}} \ll \rho_2$,故可认为 ρ_1 与 ρ_2 近似平行,可得目标点 P 的干涉相位 φ_{flat},表示如下:

$$\varphi_{\text{flat}} = -\frac{4\pi}{\lambda}(\rho_1 - \rho_2) = -\frac{4\pi}{\lambda}\Delta\rho \approx -\frac{4\pi}{\lambda}B_{\text{spa}}\sin(\theta - \alpha) = -\frac{4\pi}{\lambda}B_{/\!/} \tag{4-2}$$

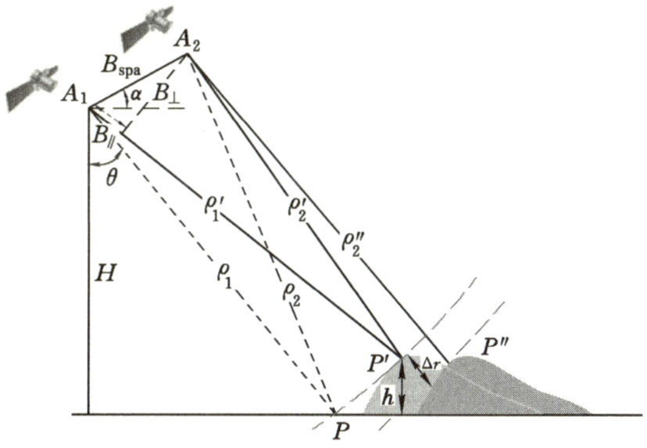

图 4-1　“二轨法”差分干涉测量原理图

② 地形相位

如若目标点 P' 位于复杂地形而不在参考椭球面上,则该点对总体干涉相位的贡献应包含地形和参考椭球面相位两部分。在图 4-1 中,由于目标点 P' 和 P 到卫星天线位置 A_1 的距离相等,则 P' 点和参考椭球面上的 P 相对应,点位移动后视角变化为 $\Delta\theta$,ρ'_1、ρ'_2 为 P' 到两传感器间的距离,则由几何关系可以得到 P' 点的干涉相位为:

$$\varphi_{P'} = -\frac{4\pi}{\lambda}(\rho'_1 - \rho'_2) = -\frac{4\pi}{\lambda}B_{/\!/} - \frac{4\pi}{\lambda}B_{\perp}\Delta\theta \tag{4-3}$$

由式(4-1)可知,式(4-3)$\varphi_{P'}$ 中的第一项为参考椭球相位,因此地形相位 φ_{topo} 可表示为:

$$\varphi_{\text{topo}} = -\frac{4\pi}{\lambda}B_{\perp}\Delta\theta = -\frac{4\pi}{\lambda}\frac{B_{\perp}}{\rho\sin\theta}h \tag{4-4}$$

地形相位 φ_{topo} 可以通过外部 DEM 数据进行去除。

由以上分析可知,参考椭球面和地形相位是干涉图中干涉相位的主要组成部分,前者随着卫星的飞行呈连续平缓的变化,而地形相位的变化是无序的。在相位解缠时参考椭球面相位可使用确定的方法予以消除,因此最主要的难点在于地形相位的解缠,即去除平地效应。

③ 形变相位 φ_{defo}

在 SAR 影像获取期间,如果地表发生形变(由 P' 变为 P''),如图 4-1 所示,则 A_1、A_2 位置获得的分别是地表形变前和形变后的 SAR 影像,这种情况下干涉相位主要是由参考椭球面相位、地形相位和形变相位贡献组成。假设 $\Delta\rho$ 为在雷达视线方向(LOS)上的形变量,则根据干涉理论可得形变相位为:

$$\varphi_{P''}=-\frac{4\pi}{\lambda}(\rho'_1-\rho''_2) \tag{4-5}$$

因为 $\rho_2''\approx\rho_2'+\Delta\rho$，所以式(4-5)可以转化为：

$$\varphi_{P''}=-\frac{4\pi}{\lambda}(\rho'_1-\rho'_2)-\frac{4\pi}{\lambda}\Delta\rho \tag{4-6}$$

由式(4-3)可知，式(4-6)中的第一项为地形相位和参考椭球面相位之和，所以形变相位可表示为：

$$\varphi_{\mathrm{defo}}=-\frac{4\pi}{\lambda}\Delta\rho \tag{4-7}$$

因此，利用“二轨法”差分干涉测量获得的 LOS 向形变量 $\Delta\rho$ 表达可表示为：

$$\Delta\rho=-\frac{\lambda}{4\pi}\varphi_{\mathrm{defo}}=-\frac{\lambda}{4\pi}(\varphi_{\mathrm{tol}}-\varphi_{\mathrm{flat}}-\varphi_{\mathrm{topo}})=-\frac{\lambda}{4\pi}\varphi_{\mathrm{tol}}-B_{/\!/}-\frac{B_{\perp}h}{\rho\sin\theta} \tag{4-8}$$

对于“三轨法”差分干涉测量，若两幅干涉像对中去除平地效应后的相位值分别为 φ_{12}、φ_{13}，则 LOS 方向上的形变量 $\Delta\rho$ 表示如下：

$$\Delta\rho=-\frac{\lambda}{4\pi}\varphi_{\mathrm{defo}}=-\frac{\lambda}{4\pi}\left(\varphi_{13}-\frac{B_{13/\!/}}{B_{12/\!/}}\varphi_{12}\right) \tag{4-9}$$

(2) 基本处理流程与误差源分析

① 数据处理流程

不论是何种形变监测模式，均是以干涉测量为基础的，其区别主要在于原始地形信息去除方式的不同，故以下主要介绍 InSAR 数据处理的关键步骤，并在此基础上，简要说明常规差分干涉测量形变监测的主要流程。InSAR 数据处理流程和 D-InSAR 形变提取流程分别如图 4-2 及图 4-3 所示，主要包括主辅影像间的逐级配准、重采样，预滤波(可选项)、干涉相位图的生成、平地效应移除、平滑降噪与质量评价、相位解缠及地理编码等步骤。

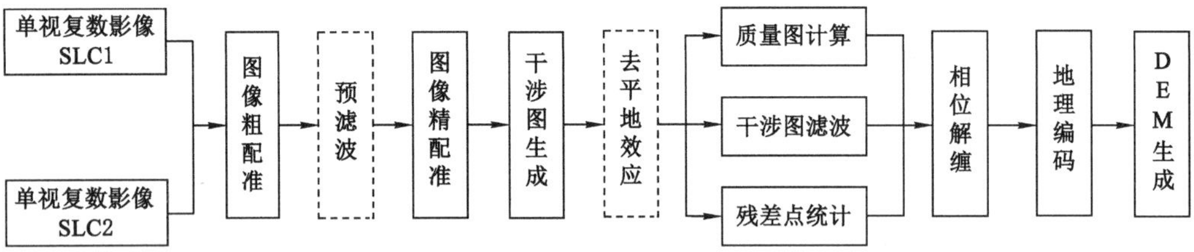

图 4-2　InSAR 数据处理主要流程

复数影像配准与重采样。对于重复轨道干涉测量，两次成像过程中 SAR 传感器的飞行轨迹以及雷达波束入射角会不可避免地存在偏差，从而会导致主、辅影像间在距离与方位向上存在偏移甚至扭曲。因此，实现对同一研究区域主、辅影像间的精确配准是干涉测量的第一步；而逐级配准策略(即基于轨道信息的粗配准和基于相干系数的亚像元级配准)是提高配准质量行之有效的手段。由于亚像元级的配准精度，对于主辅影像相同的像元位置，其行列号会存在不一致现象，故精配准后需进行配准模型的计算，进而通过配准偏移多项式实现辅影像象元的重采样。

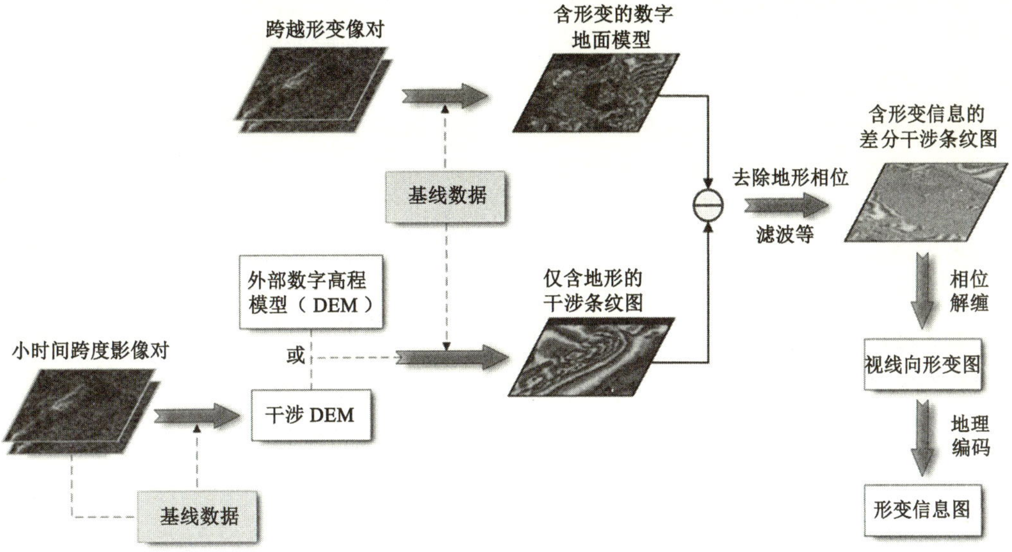

图 4-3 常规差分干涉测量形变监测流程图

预滤波。预滤波是指去除主、辅影像中由于基线和多普勒参数等因素引起的相位噪声，其目的是提高配准精度与干涉图质量。预滤波并非干涉处理的必需步骤，可根据频谱偏移量的大小决定执行与否。

干涉图生成。对精配准与重采样之后的主辅影像对应像素复数值进行共轭相乘，即可形成干涉条纹；而所得干涉图中的相位值为两幅原 SAR 复数影像的相位差。

去平地效应。受雷达侧视成像及参考椭球影响，平坦地区的干涉相位会随距离和方位的变化而呈现有规律的周期性变化，在干涉图中体现为密集性条纹，这种现象称为平地效应。去平地效应就是指去除干涉图中由平地效应引起的相位变化，进而得到仅反映地形起伏的相位信息。

干涉图滤波与质量评价。大气是雷达波束传播的通道，其对电磁波的吸收与散射不可避免，因此由回波信号得到的干涉相位定会含有大气的特征信息。同时由于受各种噪声、去相干以及配准误差的影响，干涉图质量与之后相位解缠的精度会进一步降低。为提高信噪比，降低解缠难度，对干涉相位图进行空间域滤波是干涉测量中必不可少的步骤。同时，为评定滤波后干涉效果以及提供相位解缠的依据，还需进行干涉质量评价。

相位解缠。干涉相位图中的相位主值处于$(-\pi,\pi]$，而由前述推导可知，要实现地面点高程值提取的目的，则须知其绝对相位。而由干涉相位恢复到真实相位（确定两者间相位整周数）的过程称为相位解缠，它是干涉处理中的重要环节。

地理编码。经上述各步骤处理后得到的地形相位处于 SAR 坐标系下，而为实现干涉相位所代表高程值与地面点位间的统一，需将其转换到地理坐标系之中，该过程称为地理编码。其目的是实现斜距与地距、雷达坐标系与地理坐标系之间的相互转换。

② 误差源分析

研究干涉测量的误差来源，并在数据处理过程中进行有效控制，可在一定程度上提高数据处理结果的准确性。

InSAR 去相干源和相位噪声。对于重复轨道干涉测量而言,引起影像间去相干的因素主要有时间、空间(几何)、体散射,热噪声、多普勒质心与数据处理等。通常情况下,相干系数低于 0.3 时难以生成干涉条纹。

基线误差。准确确定主、辅影像成像时所处轨道的相对位置(空间基线)是干涉测量的基础;而基线计算的准确程度也会直接影响地面高程与形变监测的精度,因此应尽量准确。

DEM 误差。应用“二轨法”模式差分干涉测量进行形变监测时,须消除干涉相位图中因地形引起的相位变化,故而需引入外部 DEM。因此,所选研究区 DEM 误差会直接传递至最终的形变测量结果之中。

大气效应。应用 InSAR 技术进行地面高程及地表变形提取时,大气影响主要表现在延迟雷达信号和信号传播路径弯曲两个方面。大气效应主要决定于电磁波在介质中传播速度的数学期望 $\bar{\delta}$。其中,干涉相位可以近似表示为:

$$\varphi \approx -k\Delta R(1+\bar{\delta})+kR[\delta(h)-\bar{\delta}]\frac{\delta h}{h} \tag{4-10}$$

式中,δh 为天线的高度差;ΔR 为两幅天线的路径差;k 为比例系数;R 为传感器至地面目标点的距离;h 为地面目标点的高程。

从式(4-10)中可以得出,对于重复轨道的干涉测量而言,大气延迟对于每一次的成像都会不同;其中,对流层是影响相位变化的主要因素。此外,数据处理过程中的复数影像配准误差、相位解缠误差以及地理编码误差等也均会被引入 InSAR 高程及形变信息提取之中,影响最终成果的可靠性。

(3) SBAS-InSAR 技术基本原理

SBAS 技术的提出是为削弱时空失相干影响,提高 InSAR 地表形变解译精度。P.Berardino 等[71-72]先后探讨了该技术在地表形变监测中的应用,而后 A.Hooper[73]又对处理过程中高相干点的选取方法进行了优化。

SBAS 技术的基本思想是:通过设置时、空基线条件,将同一研究区的多期 SAR 影像分组成若干个短基线集合;利用最小二乘准则,获取每个短基线集合的地表形变时间序列;通过奇异值分解方法再将分组后的短基线集进行联合求解;进而得到研究区整个观测时间段内时序的地表形变信息[74]。具体可表述为:假定同一研究区成像时间为 $t_0,t_1,t_2,\cdots,t_{N-1}$ 的 N 幅 SAR 影像,在短基线距的条件下可形成 M 幅差分干涉图,且满足 $N/2 \leqslant M \leqslant N(N-1)/2$[75-76]。对于干涉图 i,在去除平地相位后,干涉图中任意位置(x,y)的干涉相位可表示为:

$$\begin{aligned}\delta\varphi_i(x,y)&=\delta\varphi_i(t_B,x,y)-\delta\varphi_i(t_A,x,y)\\&\approx\delta\varphi_{(\mathrm{def},i)}(x,y)+\delta\varphi_{(\varepsilon,i)}(x,y)+\delta\varphi_{(\mathrm{a},i)}(x,y)+\delta\varphi_{(\mathrm{n},i)}(x,y)\end{aligned} \tag{4-11}$$

式中,t_A、t_B 为干涉图 i 所对应 SAR 影像的获取时间;$\delta\varphi_{\mathrm{def}}$ 为 $t_A \sim t_B$ 时间段内地表视线向形变相位;$\delta\varphi_\varepsilon$ 为目标区地形相位;$\delta\varphi_{\mathrm{a}}$、$\delta\varphi_{\mathrm{n}}$ 分别表示大气相位和噪声相位。其中前三项可以表示为:

$$\begin{cases}\delta\varphi_{(\mathrm{def},i)}(x,y)=4\pi[d_i(t_B,x,y)-d_i(t_A,x,y)]/\lambda\\\delta\varphi_{(\varepsilon,i)}(x,y)=[4\pi\cdot\Delta z\cdot B_{\perp}(x,y)]/(\lambda\cdot R\cdot\sin\theta)\\\delta\varphi_{(\mathrm{a},i)}(x,y)=\delta\varphi_{(\mathrm{a},i)}(t_B,x,y)-\delta\varphi_{(\mathrm{a},i)}(t_A,x,y)\end{cases} \tag{4-12}$$

式中,λ 为雷达波长;R 为斜距;$B_{\perp}$ 为垂直基线;Δz 为 DEM 高程差;θ 为入射角。若不同干

涉图间的形变速率为 $v_{k,k+1}$，则 $t_A \sim t_B$ 间的累积形变量可表达为：

$$\delta\varphi_{(\mathrm{def},i)}(x,y)=\frac{4\pi}{\lambda}\sum_{k}^{t_B-1}=t_A v_{k,k+1}(t_{k+1}-t_k) \tag{4-13}$$

对 M 幅干涉图进行三维时空相位解缠，便可求出不同 SAR 影像获取时间的形变速率。

其处理流程主要包括差分干涉对的生成、点目标的选取、差分干涉图的解缠及时间形变序列的获取等步骤，如图 4-4 所示。其中常规 InSAR 技术的形变测量原理、处理流程和主要误差来源已在前节描述。

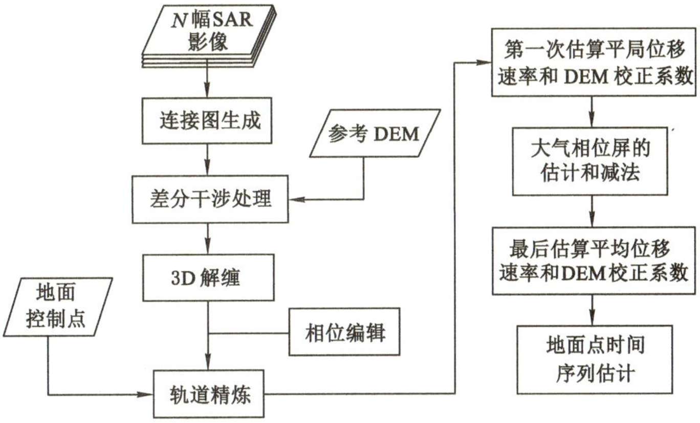

图 4-4 时序 InSAR 数据处理流程

4.2 监测数据预处理

(1) 处理软件

InSAR 技术的发展以及各类算法的成熟带动了干涉测量处理软件的研发，目前最常用的干涉测量处理软件有：瑞士 Gamma Remote Sensing 公司的 GAMMA 软件，SarMap 公司的 SARscape 软件，荷兰 Delft 大学的 DORIS，加拿大 Atlantis 公司的 Earth view-InSAR 等。其中，架构于专业的 ENVI 遥感图像处理软件之上的 SARscape，能够提供友好的图形化操作界面，具有专业雷达图像处理和分析功能，被广泛应用于全球各个领域。故本项目选用 SARscape 软件作为此次煤炭资源采空区 InSAR 形变监测的影像处理软件。

SARscape 能够提供完整的 SAR 数据处理功能，支持四种模式的数据：雷达强度图像处理、雷达干涉测量（InSAR/D-InSAR）、极化雷达处理（PolSAR）、极化雷达干涉测量（PolInSAR），易于将原始 SAR 数据进行处理和分析，输出 SAR 图像产品、数字高程模型（DEM）和地表形变图等信息，并可以将提取的信息与光学遥感数据、地理信息集成在一起，全面提升 SAR 数据应用价值。SARscape 雷达数据处理技术覆盖了基本 SAR 数据的数据导入、多视、几何校正、辐射校正、去噪、地理编码、RAW 数据镶嵌、线状地物探测、特征提取等一系列基本处理功能；支持 InSAR 和多个通道 D-InSAR 处理，生成干涉图像、相干图像、地面断层图、DEM 等。包括基线估算、干涉图生成、干涉图去平、相干性计算、相位解缠、轨道精炼、大气校正、形变模型等；提供扫描干涉雷达处理功能和干涉叠加功能，干涉叠加包括永久散射体(PS)方法和短基线集(SBAS)的方法,可进行多时相雷达数据的干涉分析,获取毫米级的形变信息。

(2) DEM数据获取

在InSAR数据处理过程中,需要影像覆盖区域内相应的外部DEM数据。本书选用美国宇航局SRTM系统获取的全球DEM数据,下载网址为:http://dds.cr.usgs.gov/srtm/version2_1,每个SRTM3覆盖一个经纬度,包含1 201×1 201个高程点信息。

本项目研究区的具体范围为:北纬35°17′23.554″—35°36′13.503″,东经116°22′23.968″—116°52′13.222″;因此,需要下载N35E116.hgt.zip的文件,通过SARscape导入输出为其可识别数据类型,DEM具体情况如图4-5所示。

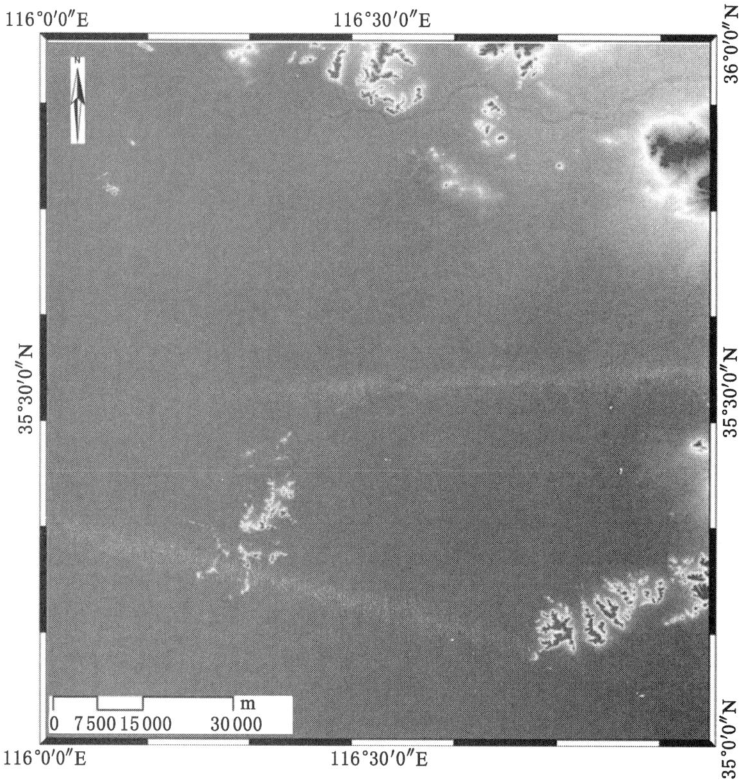

图4-5 N35E116 DEM数据

(3) SAR影像的选取

根据项目实施的具体实际情况,选用两类(RadarSat-2和Sentinel-1)共计16景数据。具体为:加拿大太空署RadarSat-2数据2景,幅宽为125 km,分辨率为5 m×5 m,进行常规D-InSAR处理,用于获取城市规划区范围内正在开采区域的沉陷状况,确定开采的空间范围和沉陷形态;欧空局Sentinel-1数据14景,幅宽为240 km,分辨率为5 m×20 m,进行SBAS时序处理,用于获取长时间段内的累积形变,分析老采空区范围内的地表形变特征。表4-1列出了各影像具体的相关信息。为便于数据解译,根据项目的研究范围,对原始数据进行裁剪,得到裁剪后的影像强度信息如图4-6所示。

表 4-1　济宁 Sentinel-1 与 RadarSat-2 影像数据

成像时间	数据类型	像元大小/(m×m)(距离×方位)	分辨率/(m×m)(距离×方位)
2018-09-12、2018-09-24、2018-10-06 2018-10-18、2018-11-11、2018-11-23 2018-12-05、2018-12-17、2018-12-29 2019-01-10、2019-01-22、2019-02-03 2019-02-27、2019-03-11	Sentinel-1(IW)	2.3×14.1	5×20
2018-12-29、2019-02-15	RadarSat-2(XF)	2.7×2.9	5×5

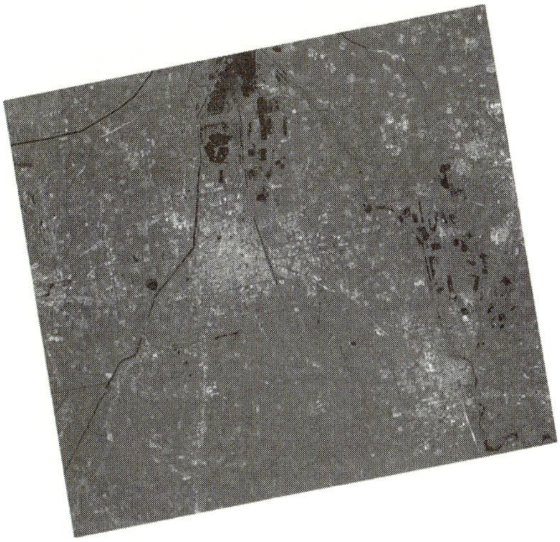

图 4-6　研究区 SAR 影像强度信息

(4) 数据精密轨道数据获取

轨道信息是 InSAR 数据处理中非常重要的信息,对从最初的图像配准到最后的形变图像生成都有着重要的作用。使用卫星精密轨道数据对轨道信息进行修正,可有效去除因轨道误差引起的系统性误差。RadarSat-2 每期影像自身具有相应的精密轨道参数;Sentinel-1 影像的轨道参数需根据影像的成像时间自行下载,欧空局提供了哨兵影像的 precise orbit ephemerides(POD 精密定轨星历数据),下载网址为:https://qc.sentinel1.eo.esa.int/。

4.3　D-InSAR 数据处理与结果分析

(1) D-InSAR 数据处理过程

根据图 4-3 中常规 D-InSAR 的数据处理流程,进行 SAR 影像形变信息的解译,主要过程与处理结果如下。

① 影像配准、干涉图生成与滤波

在 RadarSat-2 数据 D-InSAR 处理过程中,主辅影像配准选用强度互相关法;干涉过程中根据表 4-1 中的相关参数,确定多视视数为 2,制图单元为 5 m;差分干涉相位的噪声去除采用自适应滤波方法。图 4-7 为研究区的差分干涉图,其直观地反映了 2018 年 12 月 29 日至 2019 年 2 月 15 日时间段内存在开采活动的空间位置。

图 4-7 研究区差分干涉相位图

从以上差分干涉相位图中可以明显得到,地表不同区域在监测时间段内均存在开采活动。

② 相位解缠、地理编码与形变信息提取

干涉相位图生成后,需进行相位解缠操作,本次形变解译过程中相位解缠方法采用最小费用流法;然后,经地理编码转换为垂直向形变(即沉陷)后,得到研究区的地表变形情况如图 4-8 所示。图 4-9 为叠加相应时间段内开采工作面的各矿井范围内的地表具体形变图。

(2) D-InSAR 地表形变监测结果分析

从图 4-8 及图 4-9 中可以得出,济宁城市规划区范围内存在十余处明显的沉陷现象,且地表变形区域与所叠加的地下开采工作面具有很好的一致性,进一步表明了常规 D-InSAR 技术在监测地下开采所引起地表形变的可行性,其监测结果可以用于本项目研究区沉陷状况的确定。

通过对监测结果的进一步分析得到:在 2018 年 12 月 29 日至 2019 年 2 月 15 日期间,整个研究区内地表产生的最大沉陷量为 186 mm。其中,在葛亭煤矿范围内出现的最大沉降量约为 30 mm,但未出现明显的沉陷盆地,表明相应时间段内葛亭煤矿不存在地下开采活动;在运河煤矿范围内,监测到 3 个沉陷盆地,与所搜集地下开采工作面存在良好的匹配性,区域范围内最大下沉量约为 70 mm;在唐口煤矿范围内,检测到 3 处明显的沉陷盆地,且与所搜集地下开采工作面存在良好的匹配性,区域范围内 48 d 时间间隔地表所发生的最大下沉量达到 120 mm;在新河煤矿范围内并没有形成明显的沉陷盆地,表明相应时间段内该矿不存在地下开采活动,区域内最大沉降量约为 50 mm;岱庄煤矿范围内存在 3 处沉陷区,地表最大形变量约为 110 mm,所监测沉陷区与所搜集地下开采位置具有一致性;何岗煤矿范围内,监测到 2 处沉陷区域,地表最大形变量约为 70 mm,所监测沉陷区与所搜集地下开采范围具有一致性;许厂煤矿范围内,监测到 4 处沉陷区域,其中 3 个位置与所搜集地下开采范围具有一致性,地表最大形变量约为 85 mm;济宁二号煤矿范围内,监测到 3 处沉陷区域,地表最大形变量约为 125 mm,所监测沉陷位置与所搜集地下开采范围具有一致

图 4-8 研究区地表分布形变图

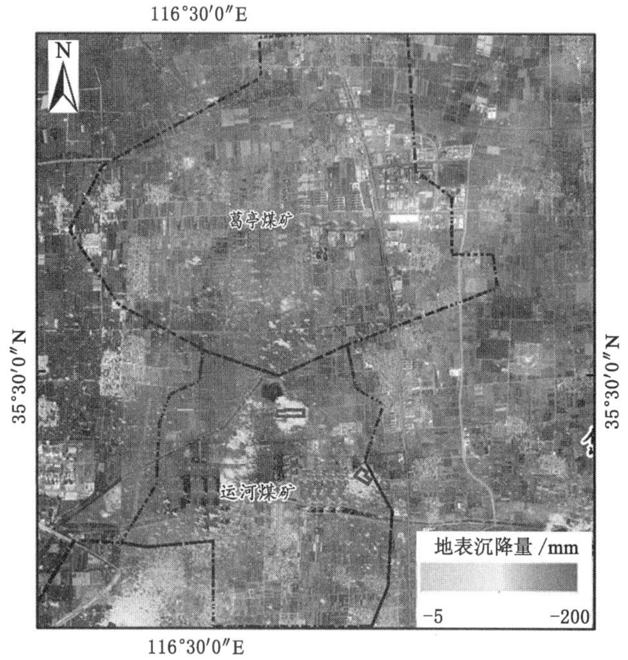

(a)

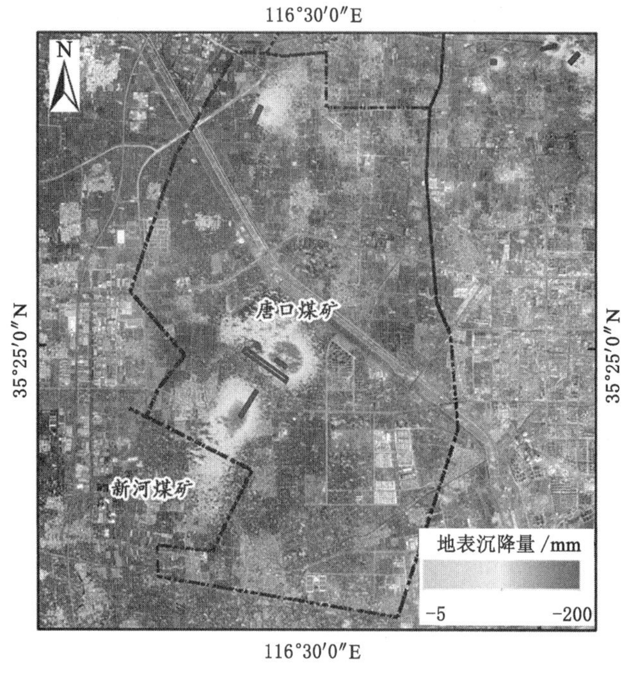

(b)

图 4-9　各矿井 RadarSat-2 数据 D-InSAR 解算地表分布形变图

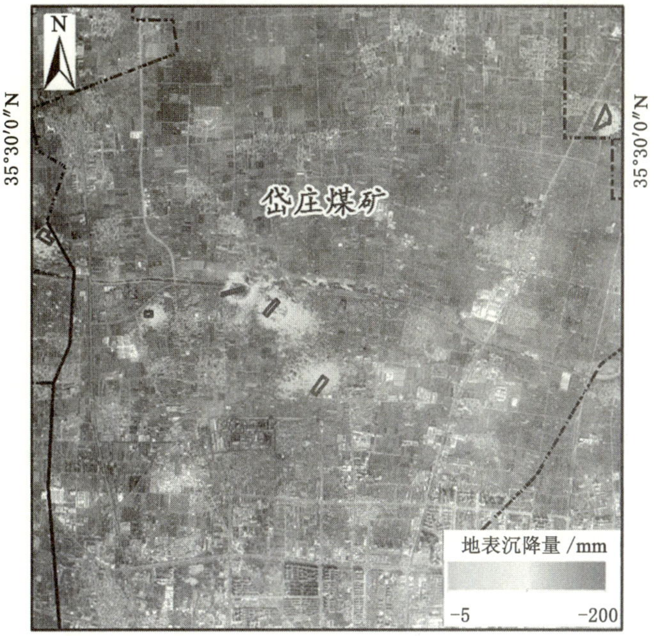
N
35°30′0″N
35°30′0″N
岱庄煤矿
地表沉降量 /mm
-5
-200

(c)

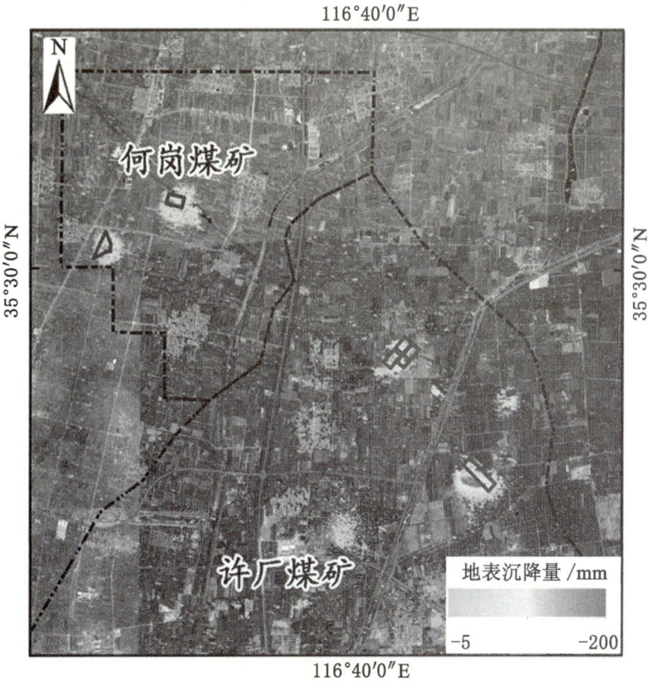
116°40′0″E
N
何岗煤矿
35°30′0″N
35°30′0″N
许厂煤矿
地表沉降量 /mm
-5
-200
116°40′0″E

(d)

图 4-9 （续）

(e)

图 4-9 (续)

(a) 葛亭煤矿与运河煤矿地表形变监测情况;(b) 唐口煤矿与新河煤矿地表形变监测情况;
(c) 岱庄煤矿地表形变监测情况;(d) 何岗煤矿与许厂煤矿地表形变监测情况;
(e) 济宁二号煤矿地表形变监测情况

性;安居煤矿范围内并没有监测到明显的沉陷盆地,表明相应时间段内该矿不存在开采活动,区域内最大沉降量约为 50 mm。

综合以上分析,常规 D-InSAR 技术所监测的研究区沉陷盆地的状态和位置具有准确性和可靠性,能够指导矿山地质环境调查工作高效、有针对性地开展。

(3) RadarSat-2 数据 D-InSAR 处理结果精度评定

对于 InSAR 技术获取的地面沉降结果,通常采用与同期获取的高等级外业测量数据进行定点比较的方法评价其结果精度。InSAR 技术获取的是影像覆盖区域内高相干目标像元上的形变信息,通常情况下,这些点目标与水准点的空间位置和测量时间并不能保持完全一致。为了保证评价结果的客观性和准确性,通常以测量点为中心,选取一定空间距离范围内的高相干目标,并对所选定高相干目标的 InSAR 结果与水准测量时段最为接近的点位值进行比较,并根据两者的差异评估沉降监测结果的精度。

本次精度评定工作,以与 RadarSat-2 数据主辅影像成像日期相近的 3 个矿区(岱庄煤矿、唐口煤矿、运河煤矿)的 4 条观测线(DZL15 测线、TKL4 测线、YHL10 测线、YHL12 测线)的 120 个观测点的外业水准结果作为参考,以 10 m 范围内的高相干点目标的平均监测值作为 InSAR 形变监测结果。图 4-10 为各测线的对比结果,表 4-2 为各测线对比结果的统计情况。

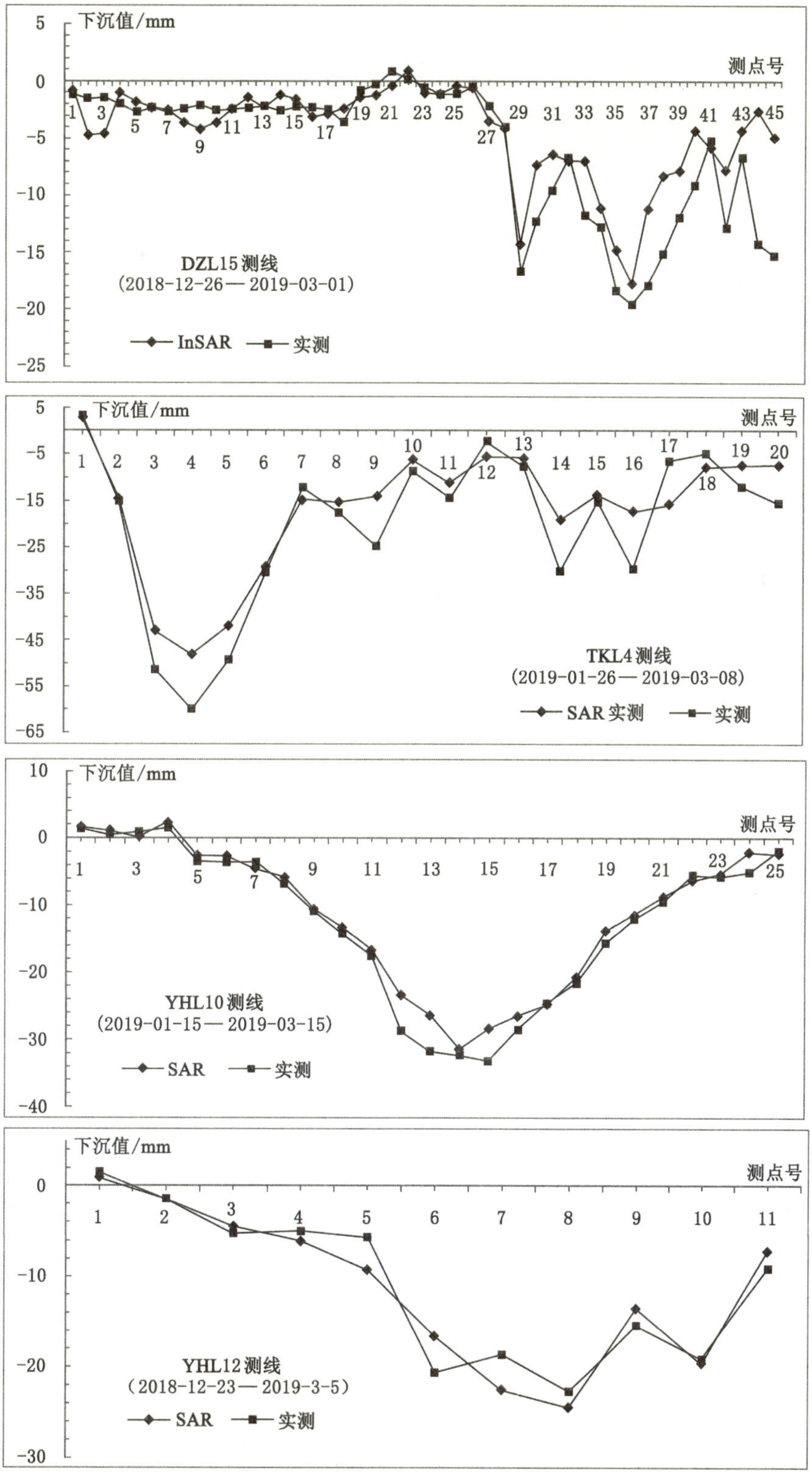

图 4-10 各测线 D-InSAR 解译成果与水准测量成果对比图

表 4-2　RadarSat-2 数据 D-InSAR 监测精度统计表

测线名称	测点个数	最小差值/mm	最大差值/mm	平均差值/mm	中误差/mm
DZL15	45	0.0	11.6	1.4	3.1
TKL4	20	0.5	12.1	3.3	5.8
YHL10	25	0.2	5.3	1.1	1.8
YHL12	11	0.0	4.1	0.3	2.4

从图 4-10 中各测线常规 D-InSAR 监测结果与水准测量成果的对比情况可以看出，两者在沉降的趋势上基本保持一致，具有较高的相关性。表 4-2 中的统计数据显示，DZL15、TKL4、YHL10 和 YHL12 4 条测线上两者的最大差值分别为 11.6 mm、12.1 mm、5.3 mm 和 4.1 mm，平均差值仅为 1.4 mm、3.3 mm、1.1 mm 和 0.3 mm。

上述监测和统计结果表明，基于 5 m 分辨率 XF 模式 RadarSat-2 数据的常规 D-InSAR 技术能够实现对济宁城市规划区内因地下开采所导致地表毫米级形变的监测，其监测数据可以作为采空区形变调查、分析的基础与依据；能够帮助查明评价区内采煤沉陷区分布，有利于提高调查工作的预见性和指导矿山地质环境调查工作高效、有针对性地开展。

4.4　SBAS 时序处理与结果分析

(1) SBAS 时序处理过程

根据图 4-4 中时序 InSAR 的数据处理流程，进行 SAR 影像形变信息的解译，其详细过程与处理结果如下。

① 连接图的生成

所谓连接图是指后续处理的各影像间的连接关系，其目的是根据时间基线和空间基线的设定值确定需进行干涉处理的影像对。为充分利用 SAR 影像，本次数据处理时间基线设置为 200 d，空间基线设置为临界基线的 10%。所生成的连接图如图 4-11 所示。

由图 4-11 可知：14 景 Sentinel-1(a)影像共连接成 91 个像对；其中时间基线最长为 180 d；最长、最短空间基线分别为 178.49 m 和 4.16 m(平均为 62.32 m)。

② 干涉数据处理

SAR 影像连接图生成后，干涉处理是关键，其主要步骤如图 4-3 所示。实施过程中对图 4-11 中所连接的 91 个像对分别进行干涉处理，其中，距离向与方位向的视数比选为 4∶1，配准过程利用精密轨道数据采用强度互相关算法，滤波方法选用自适应滤波，解缠方法采用最小费用流法(相干性阈值设置为 0.3)。

图 4-12 为各时间段的相干系数图，从图 4-12 中可以得到以下几点结论：相同区域的相干系数受空间及时间基线的影响明显；城区的相干性明显优于植被覆盖区；水域的相干性差。

图 4-13 为各时间段的干涉相位图，从图中可以看出在不同时间段内均存在明显的因地下开采导致地表形变的干涉条纹，由此可以确定地表形变的空间分布状态和地下开采的位置。

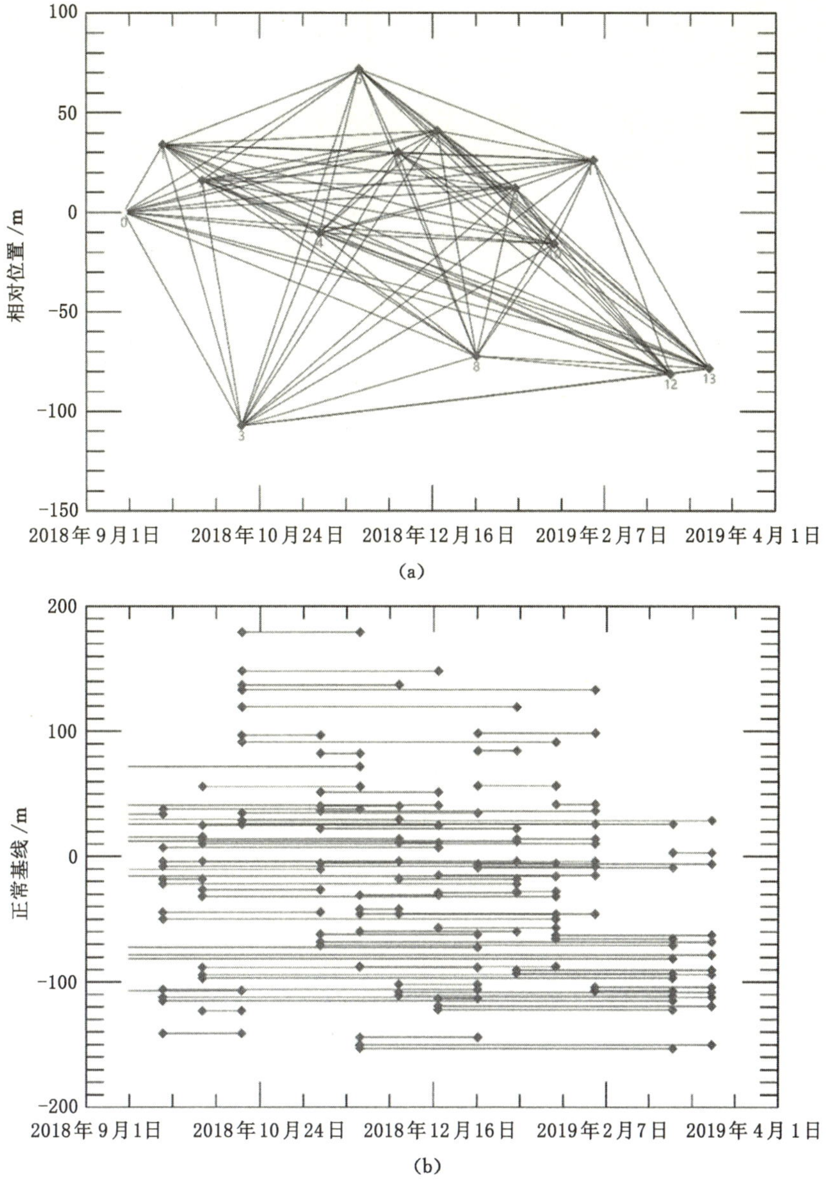

图 4-11 14 景 Sentinel-1 数据影像对连接图

(a) 影像对空间基线;(b) 影像对时间基线

③ 轨道精炼和重去平处理

轨道精炼和重去平处理的目的是估算和去除残余的恒定相位和解缠处理后仍存在的相位坡道。在处理过程中需要地面控制点(GCP)的参与,其中控制点的选择(图 4-14)原则为相干性高、相位好的点,并且所选控制点位置的形变须为 0,点数至少 20～30 个。本次轨道精炼和重去平过程中选择的控制点数量为 28 个。

④ 第一次解译反演

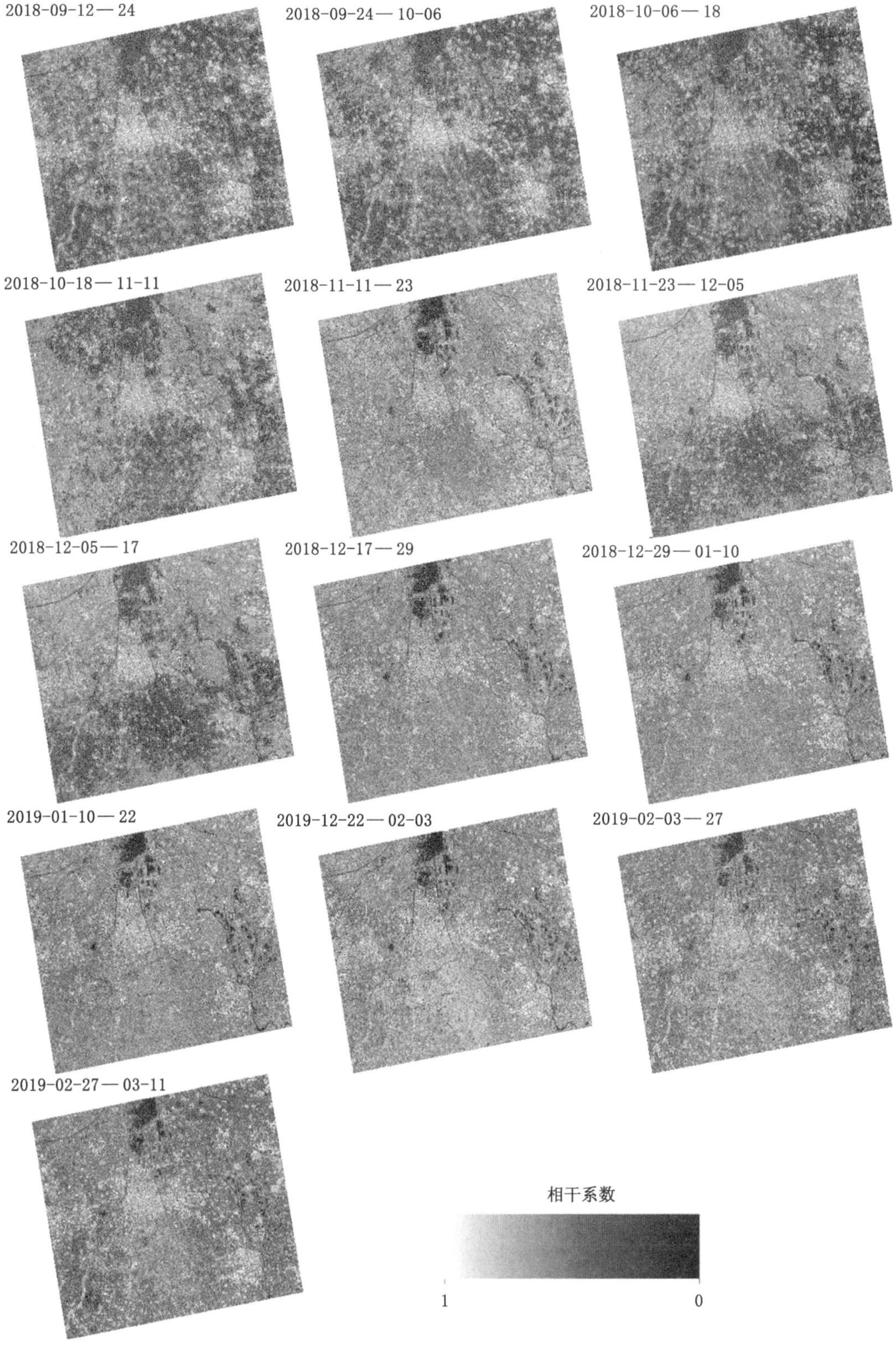

图 4-12　各时间段相干系数图

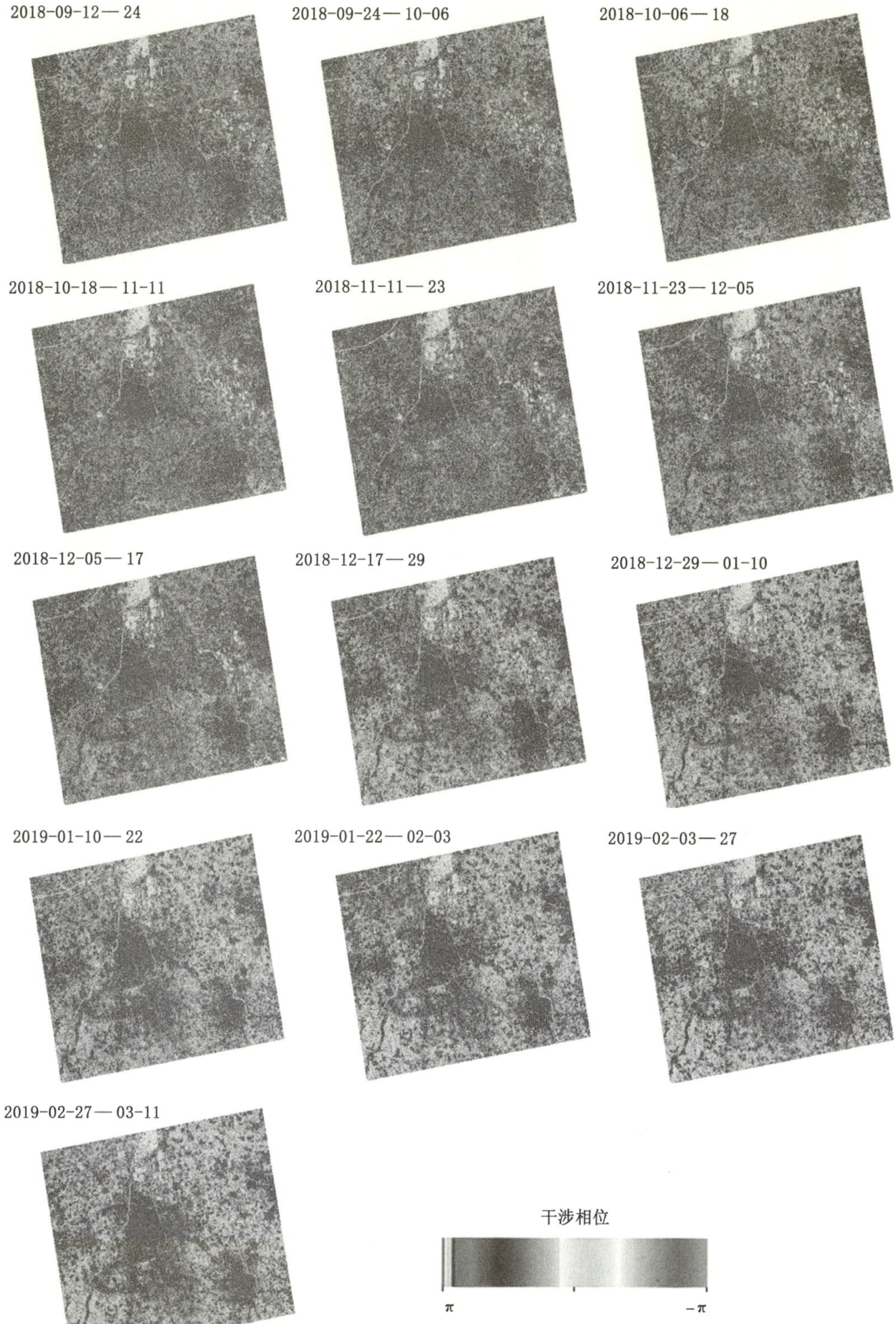

图 4-13　各时间段干涉相位图

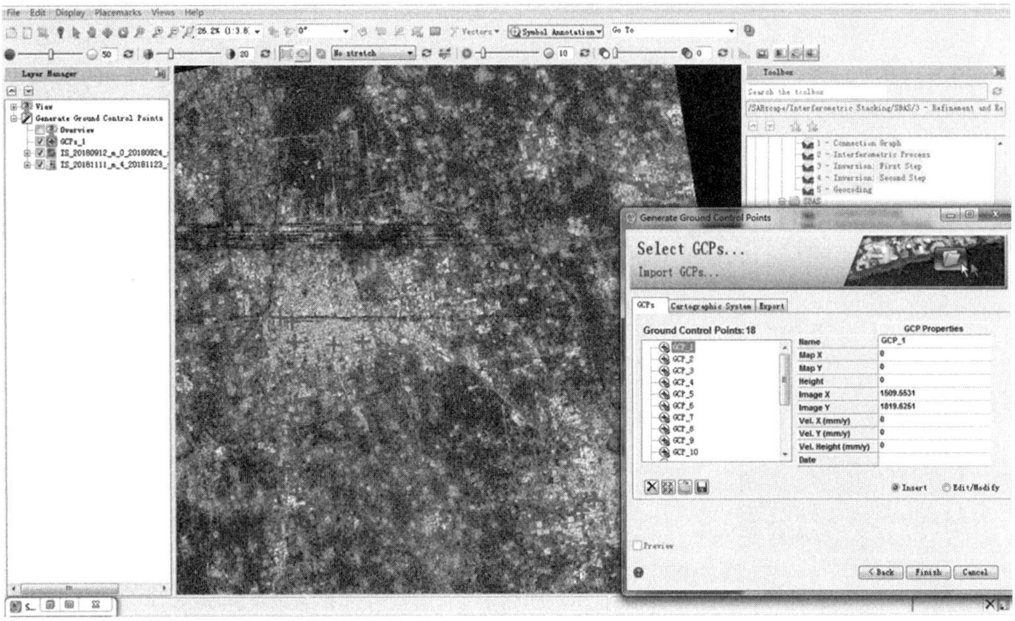

图 4-14 地面控制点的选择

第一次解译反演的目的是估计位移速率和残余地形相位，用来对合成的干涉图进行去平处理，以便重新进行相位解缠和精炼，生成更优的结果，其是 SBAS 地表形变反演的核心步骤。可以基于无位移模型、线性模型、二次方模型、三次方模型计算出所有相对的形变（日期、速度、加速度和加速度变化），本项目在此次解译反演中选用较为稳定的线性模型。

⑤ 第二次解译反演

第二次解译反演的核心是计算时间序列上的位移，在第一次反演所得形变速率的基础上，分别进行空间域和时间域的低通与高通滤波，从而估算和去除大气相位，得到更加纯净的时间序列上的最终位移结果。

⑥ 地理编码与数据输出

数据处理的最后一步为地理编码，其目的是输出地理坐标系下的解译结果。图 4-15 为最终解译的地表形变速率分布图，图 4-16 为解译的各时间段内的地表垂直位移形变量。

(2) SBAS 地表形变监测结果分析

图 4-15 中显示了地表沉陷速率大于 10 mm/a 的区域，图 4-16 显示了各沉降位置在 2018 年 9 月 12 日至 2019 年 3 月 11 日期间的演化过程。从图 4-15 中可以得到：地表形变速率超过 100 mm/a 的位置主要集中在存在地下开采活动的各矿井，如：唐口煤矿、新河煤矿、济宁二号煤矿、何岗煤矿、许厂煤矿、岱庄煤矿、运河煤矿等。各矿井范围内开采位置以外，仍监测到大面积形变速率大于 20 mm/a 的区域（主要为唐口煤矿和济宁城市建成区）；对于唐口煤矿，监测所得的地表形变速率约为 20 mm/a，其原因

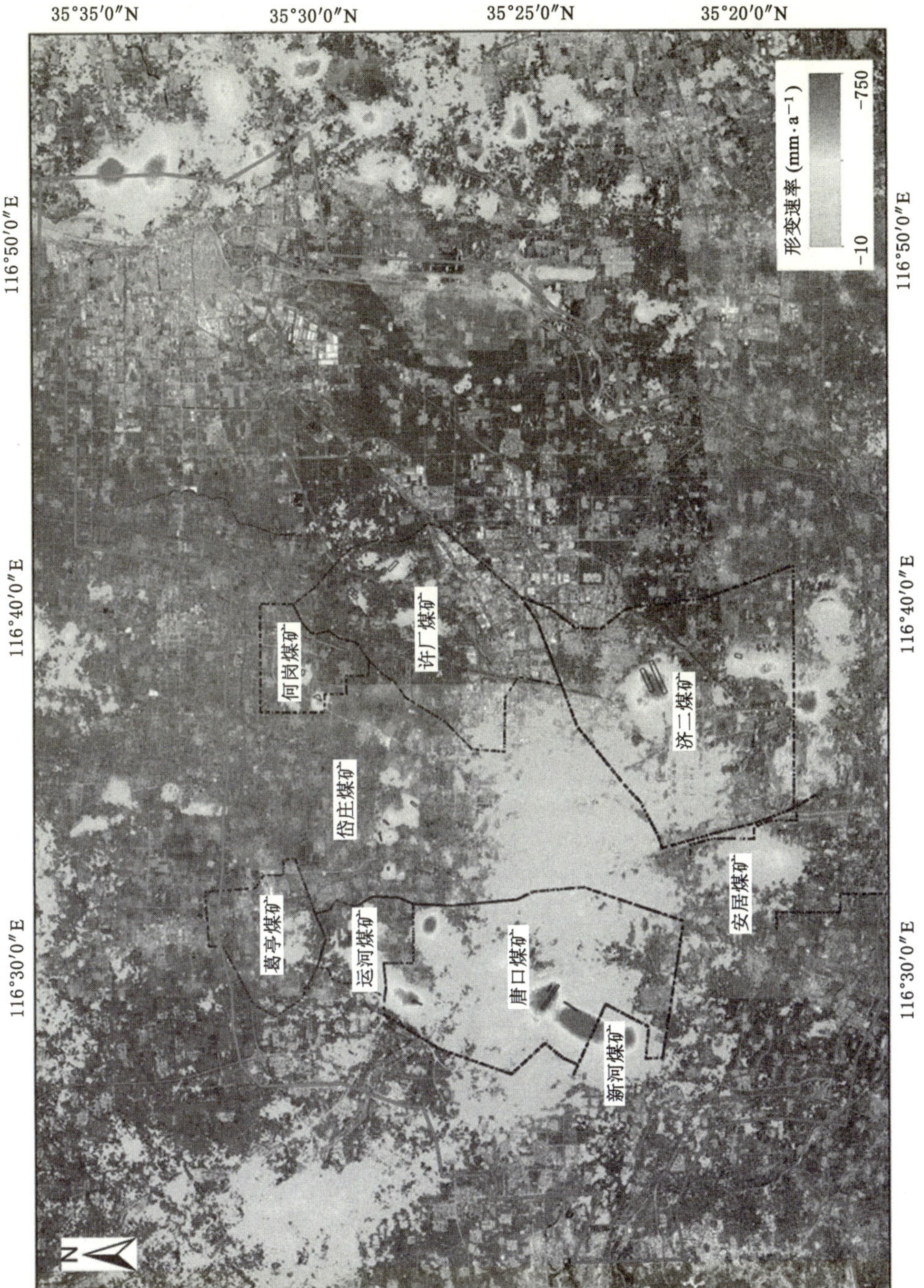

图 4-15 评价区地表形变速率分布图

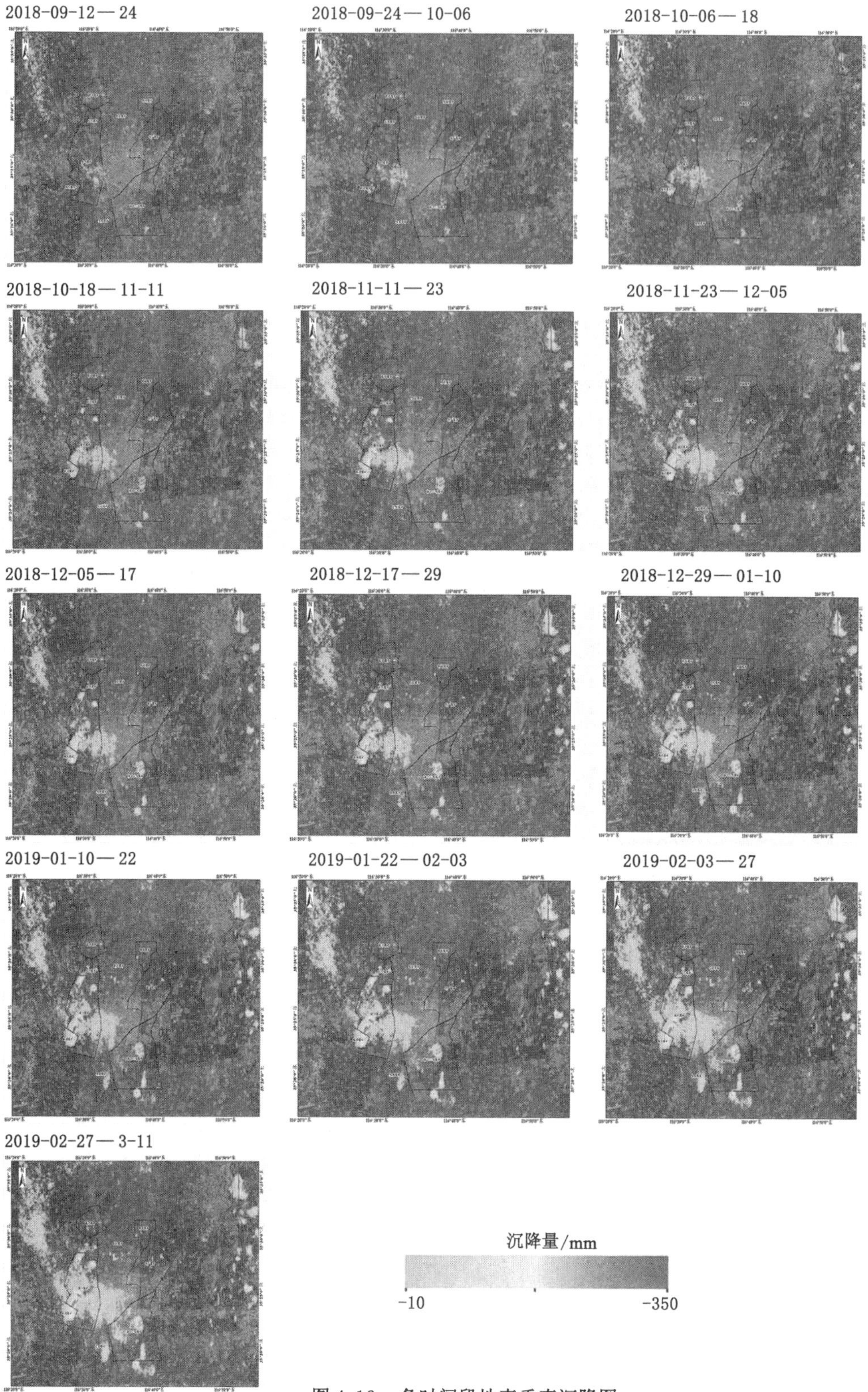

图 4-16　各时间段地表垂直沉降图

主要是该区域为深部开采，前期开采影响即老采空区的残余变形仍较为显著；对于济宁城市建成区，监测所得的地表形变速率约为 15 mm/a，因该区域不存在地下煤炭资源的开采活动，分析地表变形原因除形变解译误差外，主要与城市建设和地下水开采有关。研究区域以外的其他位置，地表沉陷速率大都低于 10 mm/a，表明相应位置的老采空区已基本趋于稳定。

(3) Sentinel-1 数据 SBAS 时序处理结果精度评定

Sentinel-1 数据 SBAS 时序处理结果的精度同样是通过与相近时间段内相近点的水准测量结果比较进行评定。本次精度评定工作，以 4 个矿区（岱庄煤矿、唐口煤矿、何岗煤矿、安居煤矿）的 4 条观测线（DZL14 测线、TKL9 测线、HGL2 测线、AJL16 测线）的 78 个观测点的外业水准结果作为参考，以 10 m 范围内的高相干点目标的平均监测值作为 InSAR 形变监测结果。

其中，岱庄煤矿 DZL14 测线、唐口煤矿 TKL9 测线、何岗煤矿 HGL2 测线、安居煤矿 AJL16 测线水准实测时间段分别为 2018 年 12 月 26 日至 2019 年 1 月 18 日、2018 年 11 月 25 日至 2019 年 1 月 7 日、2018 年 12 月 21 日至 2019 年 1 月 03 日、2018 年 10 月 23 日至 2019 年 3 月 13 日；InSAR 监测时间段分别为 2018 年 12 月 29 日至 2019 年 1 月 22 日、2018 年 11 月 23 日至 2019 年 1 月 1 日、2018 年 12 月 27 日至 2019 年 1 月 1 日、2018 年 10 月 18 日至 2019 年 3 月 13 日。表 4-3 和图 4-17 为各测线的统计情况与对比结果。

表 4-3 Sentinel-1 数据 SBAS 时序处理结果精度统计表

测线名称	测点个数	最小差值/mm	最大差值/mm	平均差值/mm	中误差/mm
HGL2	22	0	6	2.1	2.5
TKL9	30	0	3	1.0	1.4
DZL14	13	0	2	1.4	1.8
AJL16	13	0	12	2.9	4.3

从图 4-17 中各测线 SBAS 解算结果与水准测量成果的对比情况可以看出：当地表形变在 InSAR 可探测的量级范围内时，两者在沉降的趋势上基本保持一致，具有较高的相关性。表 4-3 中的统计数据显示，HGL2、TKL9、DZL14 和 AJL16 4 条测线上两者的最大差值分别为 6 mm、3 mm、2 mm 和 12 mm，平均差值均小于 3 mm；但其所能监测的最大沉陷量有限。

图 4-18 为 HGL3 测线 SBAS 监测结果与水准实测成果的对比图，其中水准实测时间段为 2018 年 12 月 21 日至 2019 年 1 月 3 日，InSAR 监测时间段为 2018 年 12 月 27 日至 2019 年 1 月 10 日。从图 4-18 中可以看到水准实测地表沉降明显大于 InSAR 解译结果，两者存在较大差异。出现该差异其原因主要为 Sentinel-1 数据低的分辨率导致 InSAR 技术最大可探测形变能力的降低，从而造成 InSAR 无法实现对大量级形变监测。

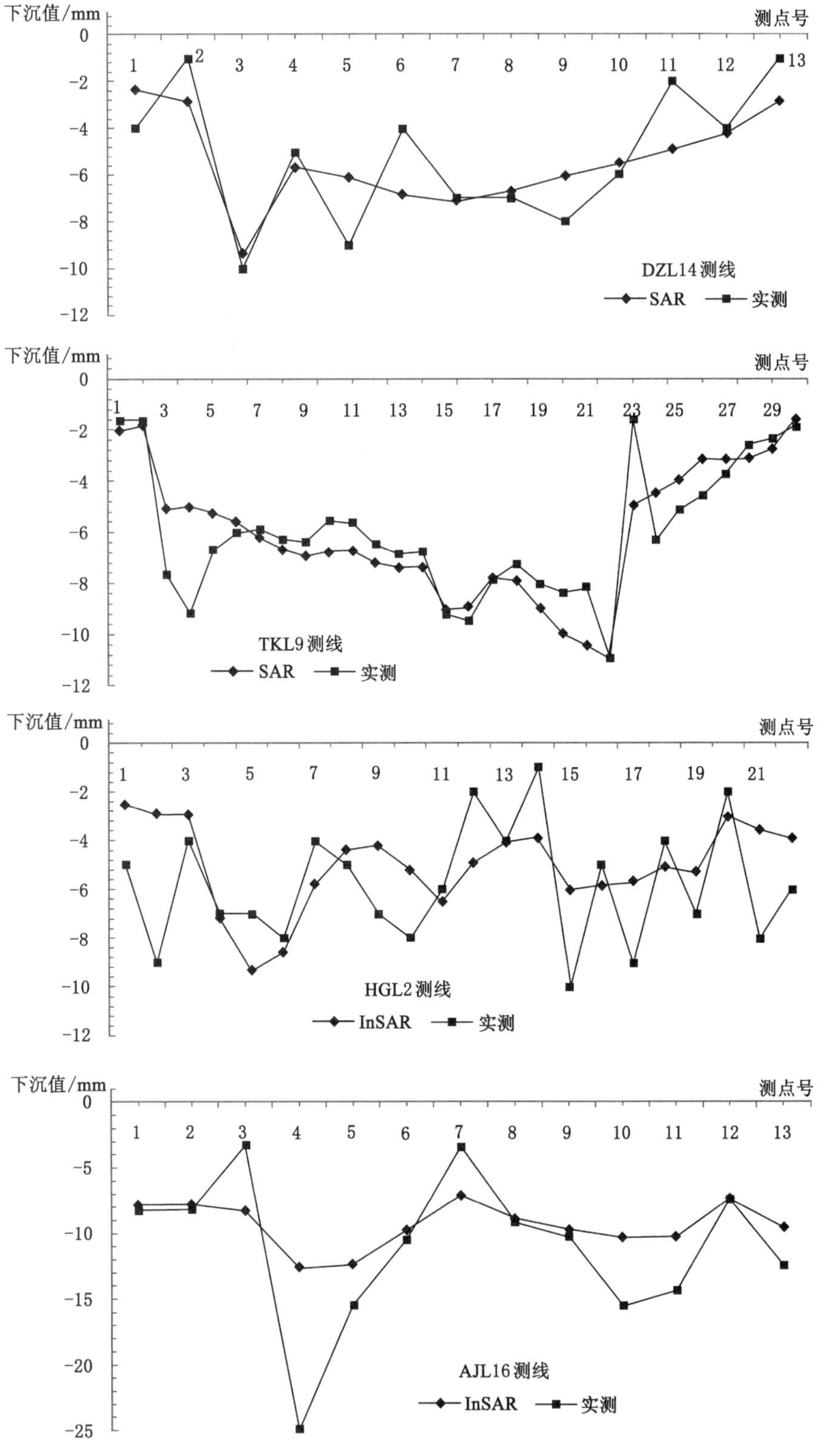

图 4-17　各测线 SBAS 监测结果与水准测量成果对比图

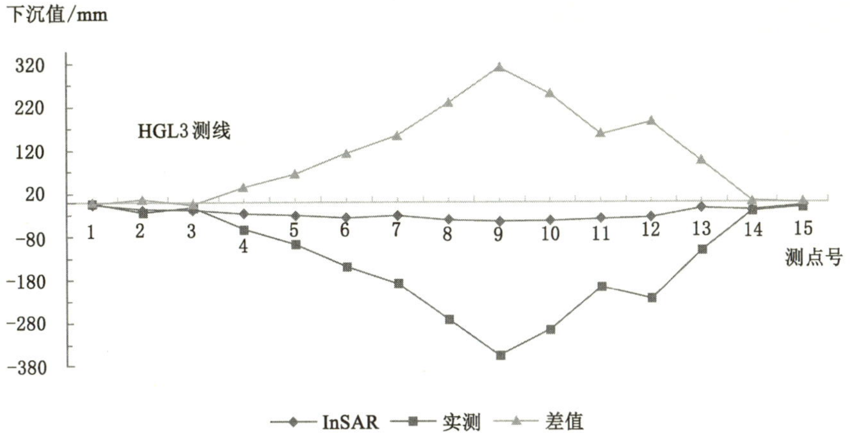

图 4-18　HGL3 测线 SBAS 监测结果与水准测量成果对比图

4.5　InSAR 煤炭资源采空区调查与稳定性评价

SBAS 地表形变的监测结果和精度分析表明，InSAR 时序处理方法可以获得研究区地表形变的时空演变过程，且其形变监测精度能够达到毫米级；此外，对于地表变形缓慢的煤炭资源老采空区，SBAS 更能体现其优越性。图 4-19 为唐口煤矿和葛亭煤矿为了展示不同停采年限工作面上方地表点的时间演变曲线；图 4-20 为不同开采厚度条件下地表点的时间演变曲线。该变形曲线符合开采沉陷的基本规律，能够明显区分不同开采条件下地表残余变形的特征。

前述分析结果表明，基于 20 m 分辨率 Sentinel-1 数据的 SBAS 时序分析技术能够实现对济宁城市规划区内因地下开采所导致地表毫米级形变的监测；但与 RadarSat-2 数据相比，由于影像数据分辨率的降低，导致形变监测能力较低。该类数据仅能够实现小量级地表形变的探测，且具有区分不同开采条件下老采空区的能力，其形变监测结果可以作为煤炭资源采空区地表残余形变分析的辅助数据；然而，对于具体位置老采空区残余形变的监测与评价，建议采用更高分辨率的 SAR 影像进行后续解译。

综合前述对 InSAR 形变监测分析和精度评价的结果可知，D-InSAR 和 SBAS 时序分析技术均能实现对研究区毫米级精度的地表形变监测。其解译成果不仅能够帮助查明研究区采煤沉陷地的空间分布位置，指导矿山地质环境调查工作高效、有针对性地开展；而且基于高分辨率 SAR 影像的时序分析技术，更能够获取评价区不同地质采矿条件下地表变形的发展演化过程，为初步确定评价区内老采空区的残余变形提供基础依据。

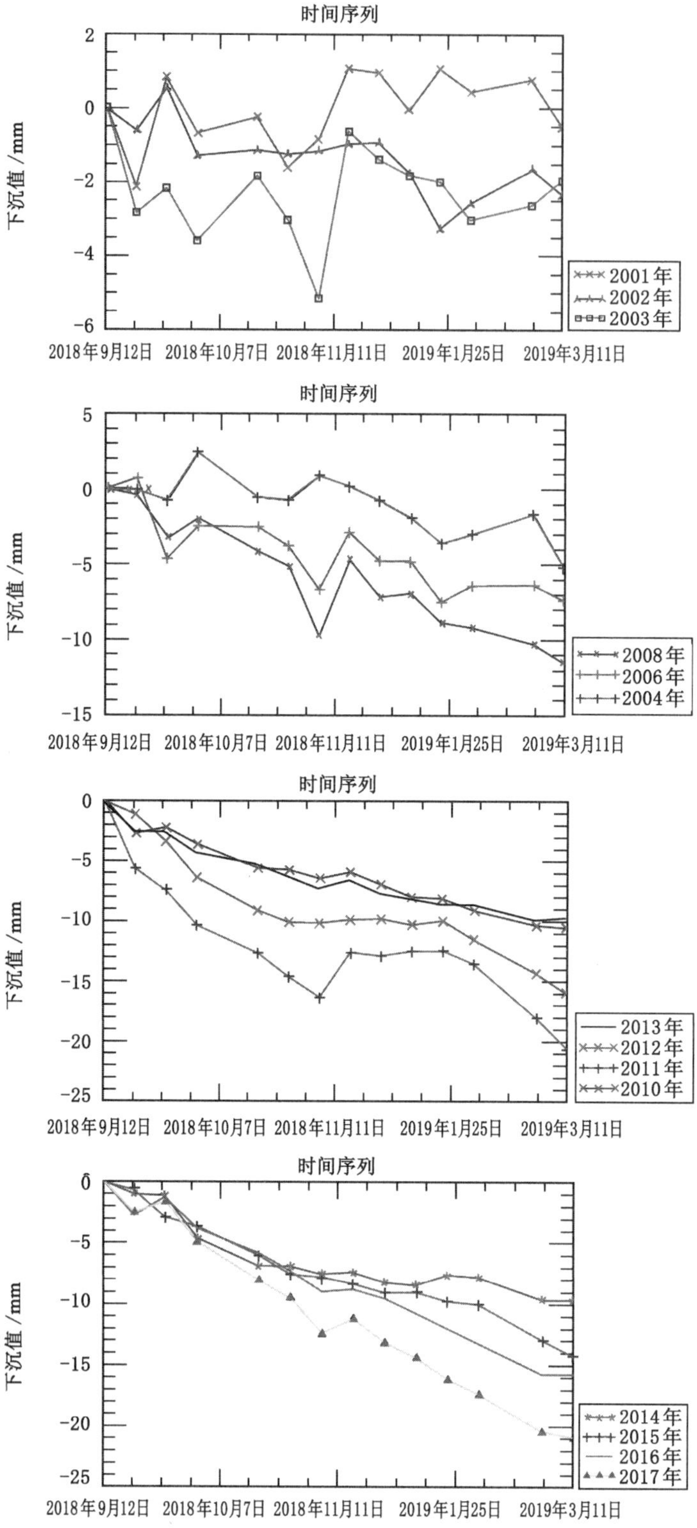

图 4-19　不同停采年限地表点时间演变曲线

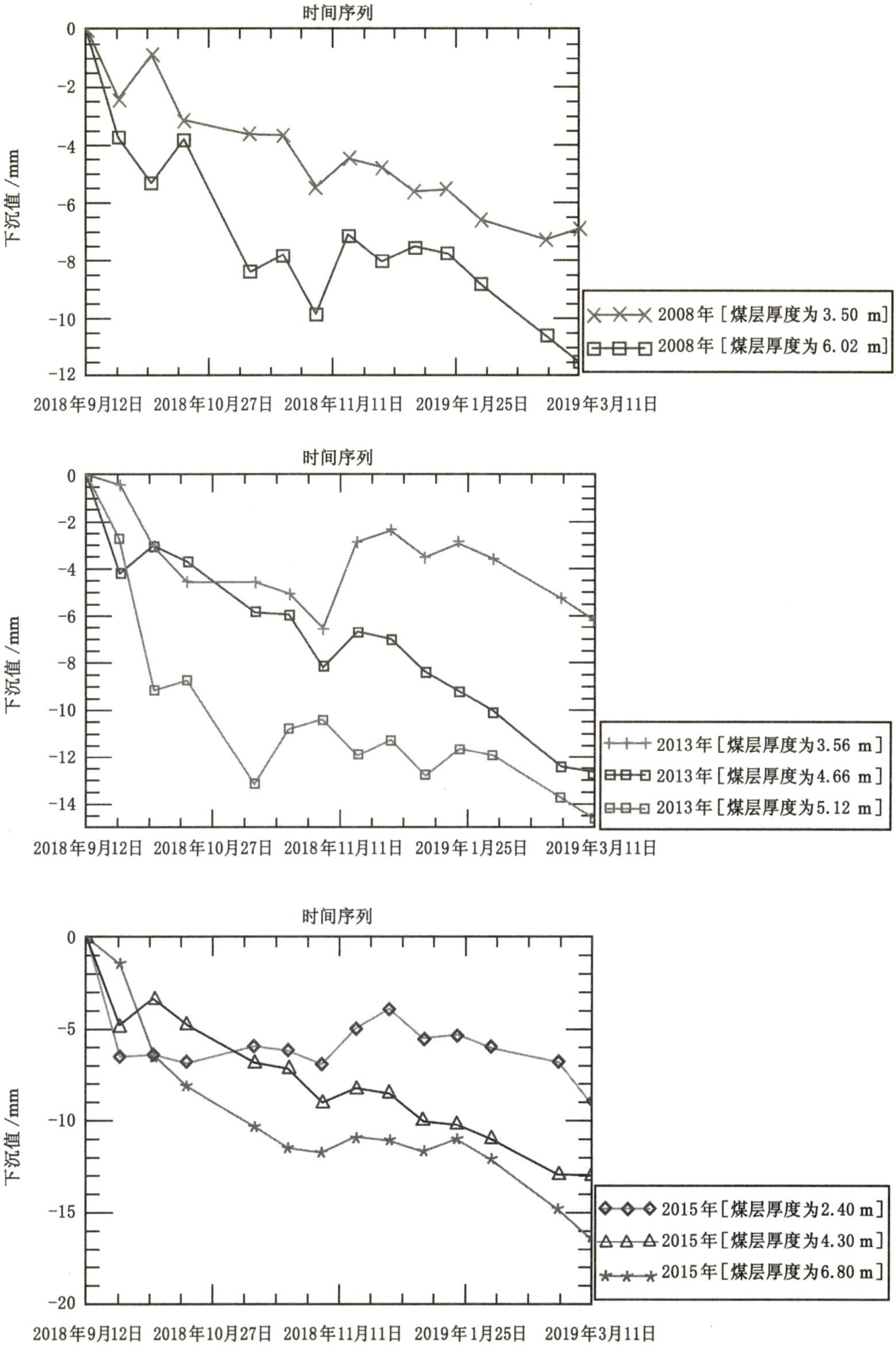

图 4-20 不同开采厚度条件下地表点时间演变曲线

5 多源数据融合的老采空区残余变形计算方法研究

5.1 采空区覆岩结构的物探分析

本次物探勘查工作的主要目标：一是为基本查明工区内目标工作面上形成的老采空区的分布情况，根据勘查结果结合钻孔目的推荐钻孔位置，为煤炭资源采空区稳定性评价提供参考信息；二是对采空区钻孔开展综合测井工作，结合岩芯划分出采空区上覆地层断裂带和垮落带发育高度。

经综合对比分析，选择唐口煤矿采空区进行物探工作，该采空区位于唐口煤矿中北部，京杭运河东侧。开采煤层为 3 煤，煤层开采时间为 2008—2010 年。采煤厚度为 3.3～3.5 m，属中厚煤层；煤层埋深为 890～990 m，煤层埋深大；该区西部为走向长壁全采区域，东侧为条带开采区域。物探勘查区域面积为 0.55 km^2，由 4 个拐点坐标圈定，物探点分布如图 5-1 所示。

5.1.1 工作概况

唐口煤矿采空区勘查采用可控源音频大地电磁测量，于 2019 年 7 月 25 日进场开展工作，根据相关技术规范规程及施工设计要求，进行了仪器标定、野外施工参数试验及施工测量等工作。仪器性能良好，施工参数试验确定了野外施工的具体参数，保证了数据的可靠性。野外施工进展顺利。于 2019 年 8 月 7 日完成唐口煤矿 CSAMT 设计工作量，共完成可控源音频大地电磁设计测量点 441 个，试验点 9 个，质量检查点 15 个，测线 21 条，数据质量满足相关规范要求。

5.1.2 野外工作介绍

本区电法勘探采用的是 CSAMT 测深方法，所用仪器为加拿大 PHOENIX(凤凰)公司的 V8 系统。

该仪器有 7 个接收通道，能够完成时间域激发极化(TDIP)、频率域激发极化(RPIP)、复电阻率(CR)、瞬变电磁(TEM)和可控源音频大地电磁法(CSAMT)测量，其性能指标优良，是目前最为先进的可控源大地电磁测深测量系统之一。

仪器接收机系统包括由微机控制的智能化数字接收机、磁探头和不极化电极。主机一次可同时接收上述不同频率系列的 4 道电场和一道磁场，即一次发射、一台接收机可同时完成 3 个点的频率测深。

通过施工参数试验确定野外生产参数为：发射极 AB 极距约为 1.8 km；最大供电电流为 20 A；R 距(发射极 AB 与接收极 MN 之间的垂直距离)介于 12～13 km；发射频率范围为 2 560～0.125 Hz，共 29 个频点。这些生产因素充分保证了有用信号的强度和分辨率，探测

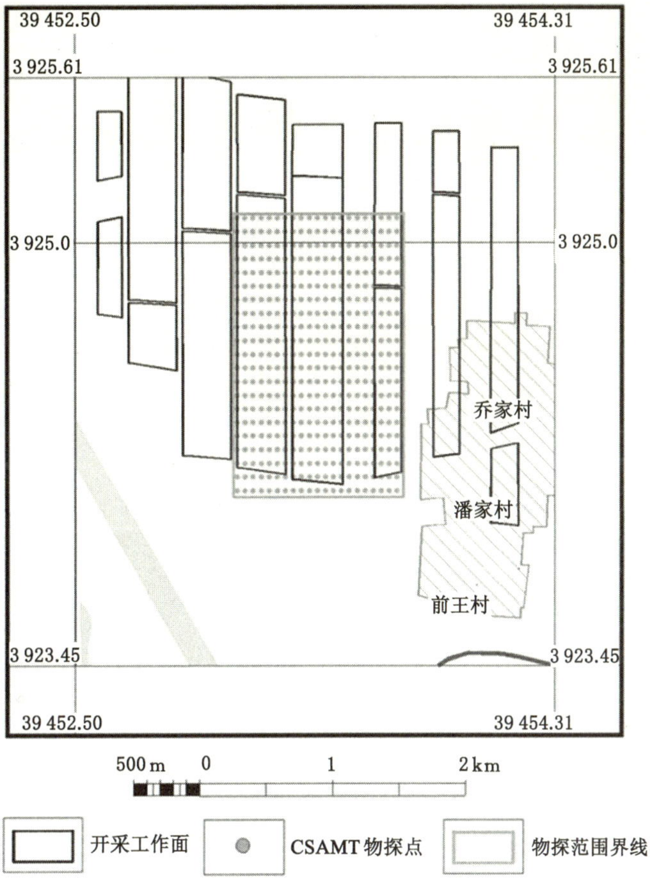

图 5-1　唐口工区 CSAMT 物探点分布图

深度大于 1 000 m，能够完成本区预定的采空区调查的物探任务。

发射机与接收机之间距离(R)的选择与探测深度有关。原则上讲，R 距离越大越好，但 R 过大，接收的信号减小，测量误差增大，为此要根据目的任务、探测深度和发射机的功率来选择 R 距离。一般来说只要保证 $R>8H$ 即可(H 代表探测深度)。

在开展大面积工作之前，首先进行仪器标定工作，验证了仪器的性能，保证数据质量。然后又进行了试验工作，包括工作频率范围的选择、供电电流的选择以及电磁干扰信号的调查等。

5.1.3　完成工作量

本次物探可控源音频大地电磁测深工作共完成设计测线 21 条，测线位置卫星图见图 5-2，测线方位角为 90°，点距为 30 m，线距为 50 m，共完成设计测点 441 个，试验点 9 个，质量检查点 15 个，剖面总长度约为 12.6 km。

测量数据平滑，连续性较好，误差较小，数据质量良好。部分测点由于施工场地限制及电磁干扰影响，出现跳点现象，数据质量一般。

为保证观测质量，采取了如下措施。

(1) 为减少 MN 电极的接地电阻，采取每点浇水的措施，使 MN 的接地电阻一般都小于 2 kΩ。

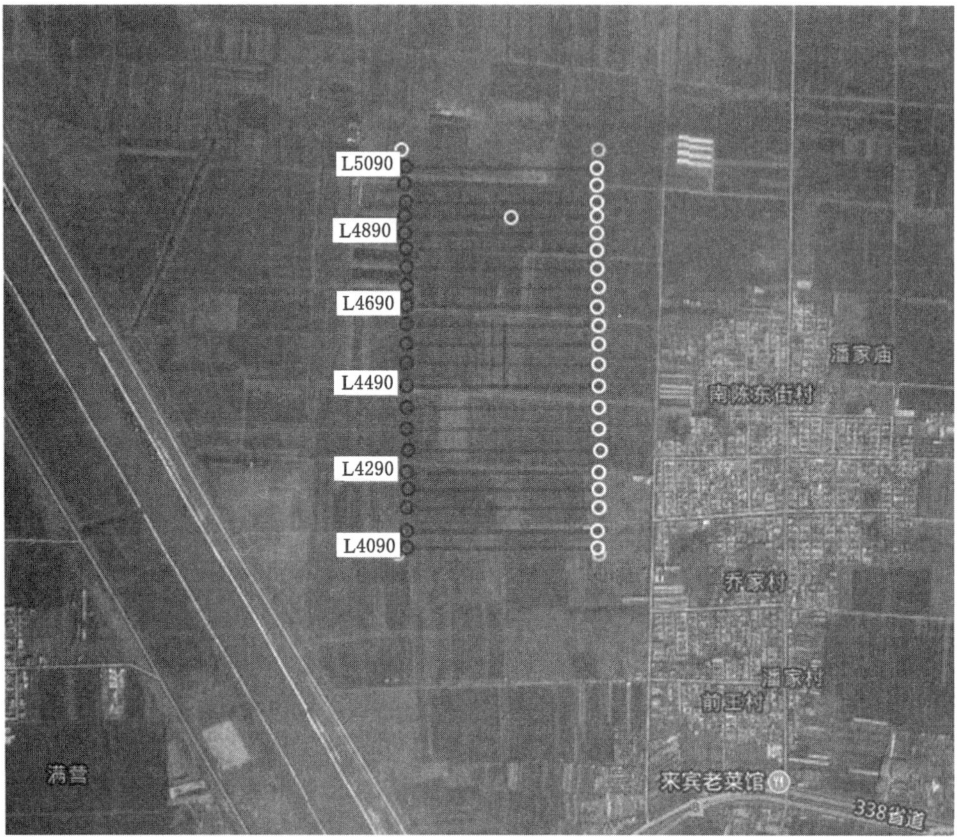

图 5-2　完成工作量测线位置卫星图

(2) 为使电场与磁场保持严格垂直,用罗盘为磁探头定向。为防止风吹动磁探头,干扰磁场,用土埋上磁探头。

(3) 在干扰大的地区,增加观测的迭加次数,保证了观测质量,满足相关规范要求。

5.1.4　测区地球物理特征

由于影响岩石电阻率的因素众多,因此,自然环境下某种岩石的电阻率并非某一特定值,而是随特定环境下岩石孔隙中的含水量、温度、深度压力及矿物结构等因素,在一定的范围内变化。根据收集工区内的相关地质资料统计表明,第四系主要岩性为黏土、砂质黏土及砂,电阻率为 10～20 Ω·m;侏罗系岩性主要为粉、细砂岩互层,并夹泥岩,电阻率为 10～30 Ω·m;石炭-二叠系岩性主要为砂岩、泥岩夹薄层灰岩及煤层,电阻率 10～100 Ω·m;奥陶-寒武系以灰岩和白云岩为主,电阻率一般大于 200 Ω·m。理论上讲,干燥的岩石、石油和空气的电阻率为无穷大,但实际上岩石孔隙、裂隙总是含水的,并且随着岩石孔隙度和含水饱和度的增加,电阻率急剧下降。水分含量相当的不同岩石的电阻率可能有很大差异,其原因在于水分有不同的矿化度。

煤层赋存于成层分布的地层中,煤层开采后形成采空区,多数采空区会发生顶板垮落,形成垮落带、断裂带和弯曲带。当开采面积小,煤层顶板不垮落时,则采空区以不充水或充水的空洞形式保存下来。无论采空区顶板垮落与否，煤层开采都改变了地层的物性结构，并且会受地下水或地下水活动的影响，使得采空区及其周围基岩的地球物理特征发生了显著变化。采空区及其垂向上的"三带"与正常地层之间存在较为明显的物性差异，其最明显的是导电性差异。采空区及影响带对电场造成畸变，表现出与正常煤系地层不同的电性特征，是利用电法、电磁法进行煤矿采空区探测的地球物理前提。通常情况下，当采空区充水时表现为低阻，当其不充水时为高阻。通过分析电阻率断面图推测地下是否存在采空区，并进一步推测其是否存在充水、充填、塌陷等现象。采空区与其上、下部地层地球物理特征上的差异是采用物探技术探测采空区的前提。

5.1.5　资料处理与解释

（1）CSAMT 数据处理

合理的流程是解释的基础，此次 CSAMT 数据处理工作流程参见图 5-3。

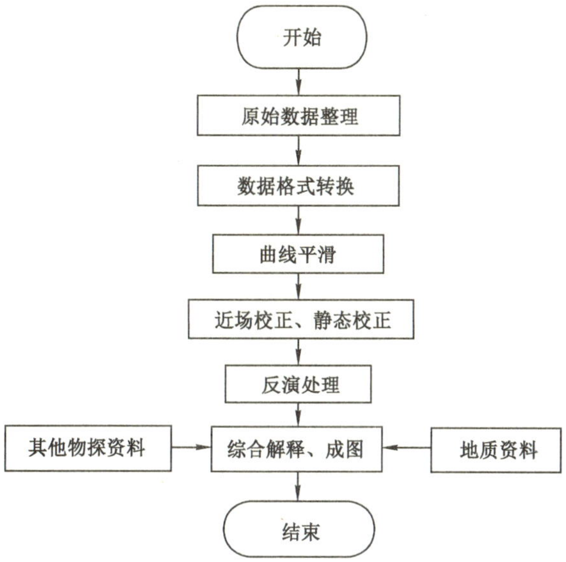

图 5-3　CSAMT 资料处理与解释流程图

处理过程中主要用到的处理方法如下：

① 曲线平滑

尽管此次工作的原始数据总体质量较好，但仍有一些测点数据的个别频点出现非正常数据分散或突变，主要原因是：野外测量常常受到各种干扰因素的影响，加上记录时间长短的限制，造成了数据的分散、跳跃或突变。对于上述情况，应根据最小方差原理及 CSAMT 曲线原有的特征进行合理的平滑。

曲线平滑主要依据以下原则进行：

a. 平滑的幅度尽量控制在误差棒的范围内。

b. 根据曲线形态和特征，在保持原有曲线变化趋势的基础上平滑和消除飞点。

c. 从相位曲线与视电阻率曲线的对应关系上，对相位上无相应变化的异常点予以平滑处理。

d. 在同一构造单元中,相邻测点相似性原则,即对与相邻测点曲线中不相似的异常数据点进行平滑。

数据平滑的手段主要有人工平滑和计算机自动平滑。人工平滑主要是由有经验的解释人员根据野外工作和工作区地质的实际情况手工进行。

数据计算机自动平滑的方法有很多种。最常用的是最小二乘平滑,包括线性平滑和二次曲线平滑、高次曲线平滑等。线性平滑有三点平滑、五点平滑、七点平滑、九点平滑等。下面给出视电阻率和阻抗相位的三点平滑公式:

$$\overline{\rho_i} = \frac{1}{3}[\rho_{i-1} + \rho_i + \rho_{i+1}] \tag{5-1}$$

$$\overline{\varphi_i} = \frac{1}{3}[\varphi_{i-1} + \varphi_i + \varphi_{i+1}] \tag{5-2}$$

② 近场校正和静态校正

实际上只要当 CSAMT 的收发距足够大时,可以使观测点总处于远区或波区,也就可以直接运用平面波理论进行处理,一般来说只要保证收发距离大于 8 倍的探测深度,就能克服 CSAMT 的近场效应,理论上本次勘查工作均在远区场进行,从曲线形态亦可看出,大部分曲线都处于远区场。但在实际工作中,由于发射功率的限制、地层电阻率的差异、电磁场采集信号微弱等原因,在收发距有限大的情况下,观测点有时位于电磁场的近区,此时,野外采集的数据须进行近场校正,消除非平面波影响。近场校正主要是通过理论计算进行。

相对规模不大的地层起伏或浅层电性不均匀体的存在,会使电场分布发生畸变,从而导致视电阻率曲线发生平行移动或畸变,而相应的阻抗相位保持一致,这就是所谓的电磁法勘探的"静态效应"。

静态效应是由于地表电阻率横向不均匀而引起的一种电荷积累效应,静态效应的主要影响是会引起一维反演模型产生误差,反演的电阻率发生偏移。静态效应这种畸变亦称静位移。这个问题从 19 世纪 80 年代以来,就引起了国内外大地电磁专家的广泛重视,也有专门的文献报道,并已达成基本的共识,在静位移严重地区做一维化解释时必须进行静位移修正。

静校正处理有多种方法,如近地表电阻率观测法、不变响应参数法、首支瞬变电磁校正法、统计平均法、畸变张量分解法、正演模拟计算法、空间滤波法、曲线平移法等,不同的地区和工作条件有不同的选择。本次资料处理主要采用曲线平移法,根据相邻测点视电阻率曲线首支的变化,确定该测点曲线整体上升或下移。

室内资料处理及解释使用的是加拿大凤凰公司开发的 CMT.PRO 软件和美国 Zonge 公司开发的 SCSinv 软件,资料处理采用一维联合反演,反演深度为 1 200 m,拟合精度控制在 10%以内,符合规范及设计要求。

(2) CSAMT 数据解释推断原则

各种物探方法资料的解译遵循共同的原则,首先对与测区相关的已知资料进行分析,突出具体特征,归纳普遍规律,确定目标层位,标定探测深度,圈定异常范围,然后是异常确认和可靠性评价,最后进行合理的地质推断。

① 物性分析:从理论上讲采空区的视电阻率明显区别于正常岩层的视电阻率。煤层中

存在采空区且采空区基本不充水时，其视电阻率值会高于正常岩层；采空区充水时其视电阻率值则会明显的低于正常岩层。需要注意的是由于采空区形成后会破坏岩层原有的应力平衡，形成垮落带和断裂带，扩大异常的范围，也就是说在采空区上部垮落带和断裂带，岩石电性特征在横向上都会有所变化。

② 确定目标层位：根据收集和掌握的资料，该矿开采的煤层主要是 3 煤层，即 3 煤层是本次探测的主要目标层。

③ 确定异常范围：异常范围的确定采用类推的方法。结合地表地形、煤层资料、采掘工程平面图、井上下对照图、钻孔柱状图等多种资料以及测区内典型的已知采空区在电阻率拟断面图上的反映，对反演后形成的电阻率拟断面图进行分析。

④ 异常解释：首先根据电阻率变化圈定异常范围，然后根据原始数据、测区条件等对异常可靠性进行评价，最后结合地表地形、煤层资料、采掘工程平面图、井上下对照图、钻孔柱状图等资料及异常自身的特点对异常进行详细分析，得到合理的地质解释。

通过对测区地下岩层电性特征的探测，获得深部地质结构的纵向地电断面资料，进而划分地层和岩性，由上述区域岩石电性特征分析得出，该勘查区内主要发育奥陶-寒武系灰岩，一般在电阻率拟断面图上呈现高阻电性特征；而上覆的煤系地层为石炭-二叠系地层，一般呈相对中阻电性特征，区内第四系及侏罗系地层在电阻率拟断面图上呈现低阻电性特征。

因为煤系地层具有层状分布的特点，如果没有采空区或其他地质构造，则物理性质分布在沿层横向上是相对均一的。当煤层中存在采空区、覆岩破坏带或断裂带等构造体时，就会出现物理性质差异，通常称为异常区域。当煤层中存在采空区、覆岩破坏带或断裂带等构造体且基本不含水时，视电阻率通常会高于正常岩层，在视电阻率剖面图上呈明显的高阻异常；若煤层存在采空区、覆岩破坏带或断裂带等构造体且充水时，视电阻率通常会低于正常岩层，在视电阻率剖面图上呈明显的低阻异常。通过探测地下岩层的电阻率及其变化，可以判定岩层的结构状态和含水状况，这是采用可控源音频大地电磁法进行采空区、采空区覆岩破坏带和积水范围探测的电性依据。

⑤ 已知钻孔旁测点对照：在测区附近存在有 2 个已知钻孔，分别是钻孔 T10-2 和钻孔 T11-3，依据测量数据的处理结果对照钻孔资料进行了对比分析。

钻孔 T10-2 位于测区中东部，坐标 X：3 924 604.81 m，Y：39 453 880.85 m，孔口高程：36.4 m，开孔日期为 1990 年 11 月，终孔深度为 1 069.84 m，终孔层位为三灰。钻孔附近测点为 3710/4590，测点处理资料如图 5-4 所示。

由图 5-4 可以看出，反演成果模型电阻率呈现低-高-低-高变化形态，浅层为第四系黏土及砂岩，侏罗系中存在辉长岩，电阻率略高，石炭-二叠系煤系，电阻率下降，与泥岩砂岩为主的岩性相吻合。1 000 m 以下的电阻率再次升高，推断为奥陶-寒武系灰岩的电阻率反应，钻孔终孔层位为三灰，未揭露奥陶-寒武系灰岩。钻孔 3 煤层位为－974 m，煤层已开采，采空区电阻率变化在单点曲线及模型上反映不明显。

综上所述，T10-2 钻孔旁测点资料与钻孔资料基本吻合。

钻孔 T11-3 位于测区中西部，坐标 X：3 924 662.53 m，Y：39 453 155.58 m，孔口高程：35.56 m，开孔日期为 1987 年 4 月，终孔深度为 1 120.59 m，终孔层位为 17 煤。钻孔附近测点为 3110/4640，测点处理资料如图 5-5 所示。

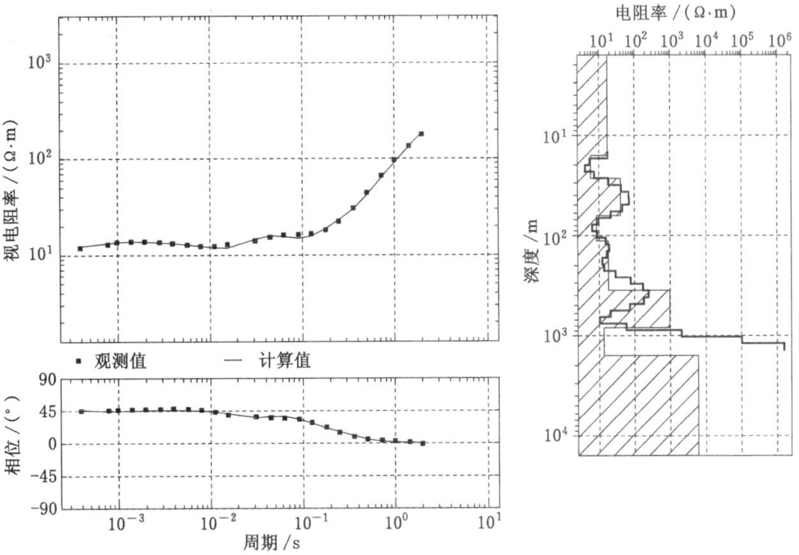

深度 /m	岩性描述
208.50	黏土、黏土质砂、砂岩、泥岩
315.70	辉长岩
624.70	砂岩、泥岩
1 059.10	泥岩、砂岩，夹煤层、灰岩层

图 5-4　T10-2 井旁测深曲线处理成果图及钻孔资料对照

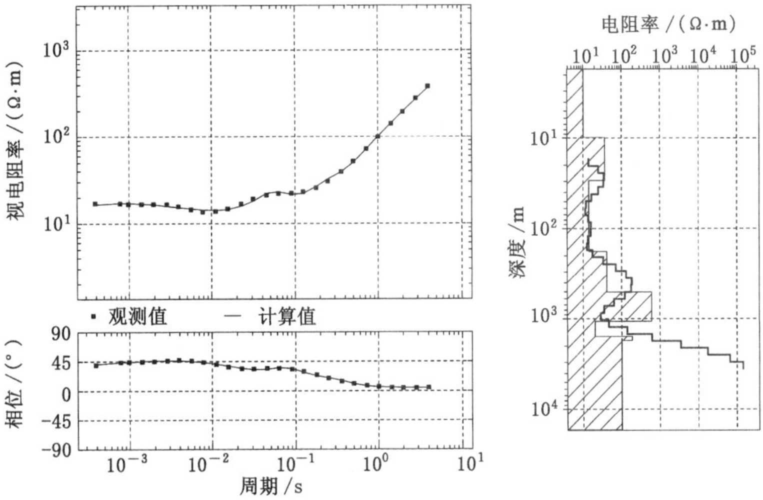

深度 /m	岩性描述
203.20	黏土、砂岩、泥岩
275.00	辉长岩
568.19	砂岩、泥岩
1 110.75	泥岩、砂岩，夹煤层、灰岩层

图 5-5　T11-3 井旁测深曲线处理成果图及钻孔资料对照

由图 5-5 可以看出，反演成果模型电阻率大致呈现低-高-低-高变化形态，浅层为第四系黏土及砂岩，电阻率较低为 10～30 Ω · m，侏罗系中存在辉长岩，电阻率较高，560 m 左右深度以下为石炭-二叠系煤系，电阻率下降，与泥岩砂岩为主的岩性相吻合。1 200 m 深度以下的电阻率再次升高，推断为奥陶-寒武系灰岩的电阻率反应，钻孔终孔层位为三灰，未揭露奥陶-寒武系灰岩。钻孔 3 煤层位为－908 m，煤层已开采，采空区电阻率变化在单点曲线及模型上反应不明显。

综上所述，T11-3 钻孔旁测点资料与钻孔资料基本吻合。

T10-2 和 T11-3 两个钻孔旁测点处理成果与钻孔资料基本吻合，也进一步说明了物探野外采集数据质量可靠，处理方法选择得当，效果可信。

(3) 成果图件解释

图 5-6～图 5-12 为测区 4090 线、4140 线、4290 线、4340 线、4390 线、4590 线、4990 线 CSAMT 测量初步处理电阻率拟断面图及成果初步解释。

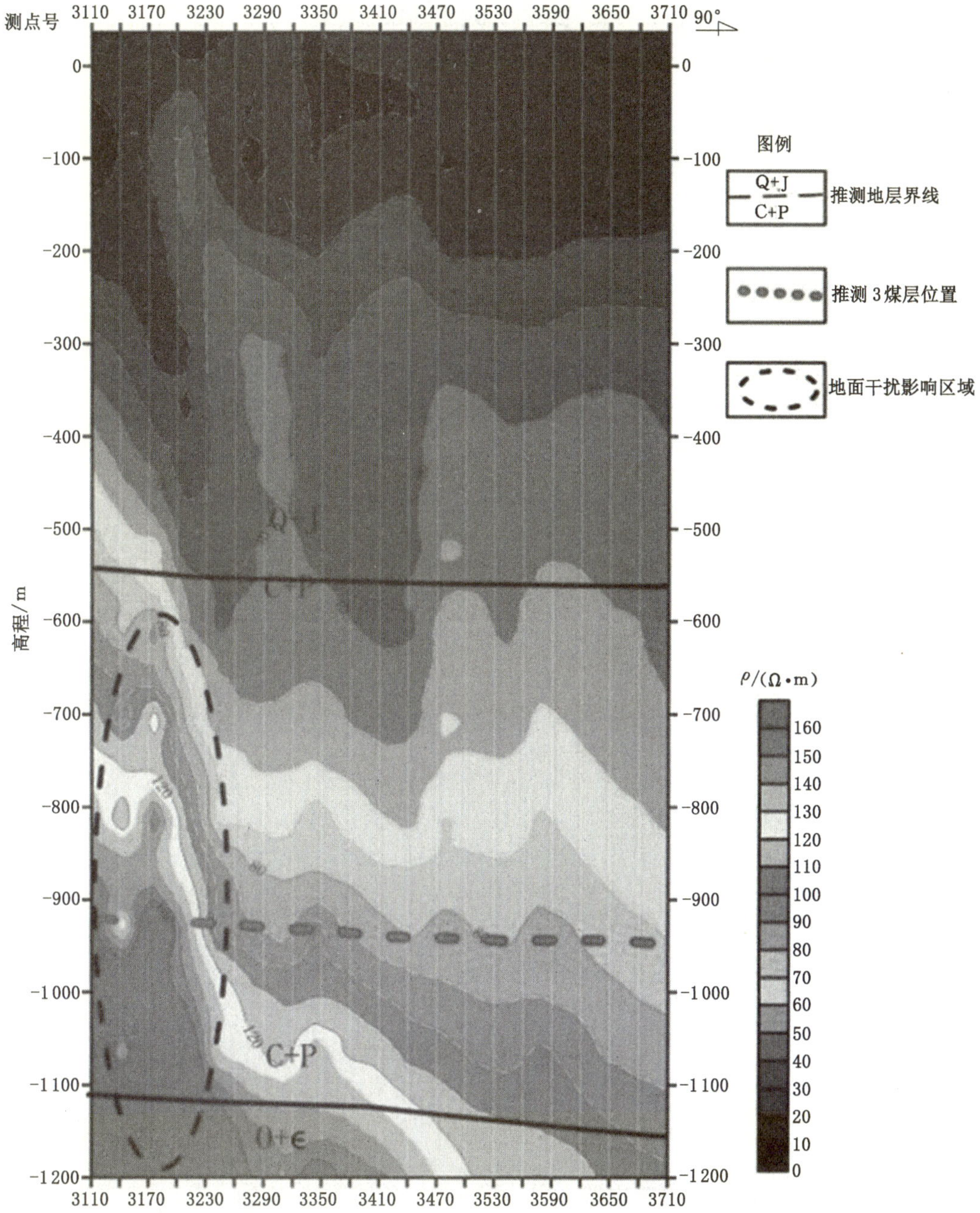

图 5-6 4090 线 CSAMT 测量电阻率拟断面及初步解释图

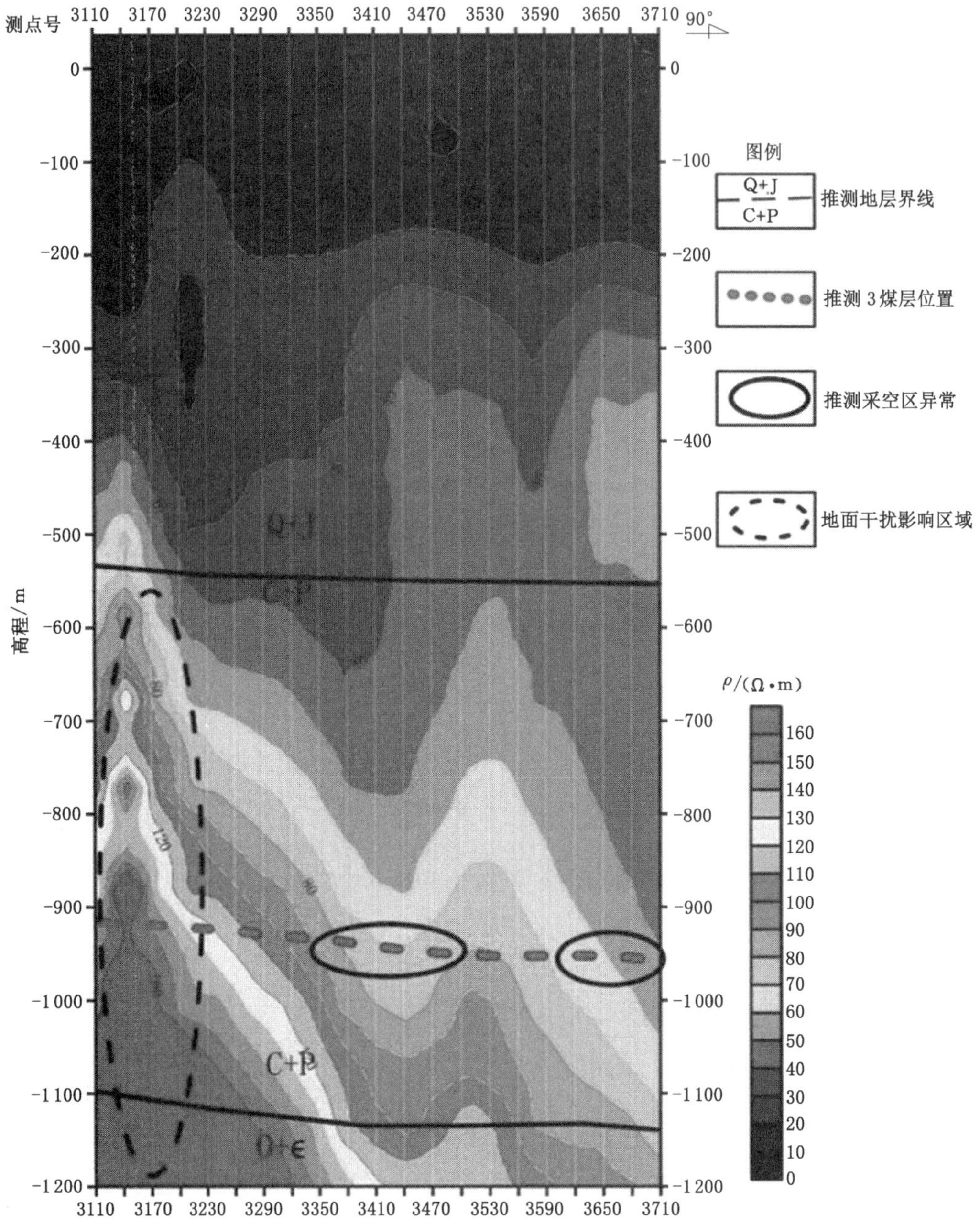

图 5-7　4140 线 CSAMT 测量电阻率拟断面及初步解释图

整体上看，各个测点的电阻率变化规律大致为先低阻，然后随着深度的增加逐渐升高，推测浅层第四系、侏罗系电阻率相对较低，中部石炭-二叠系为泥岩、砂岩层，电阻率较浅层相对升高，深部的奥陶-寒武系电阻率更高。这和已知的电性地球物理特征相吻合。

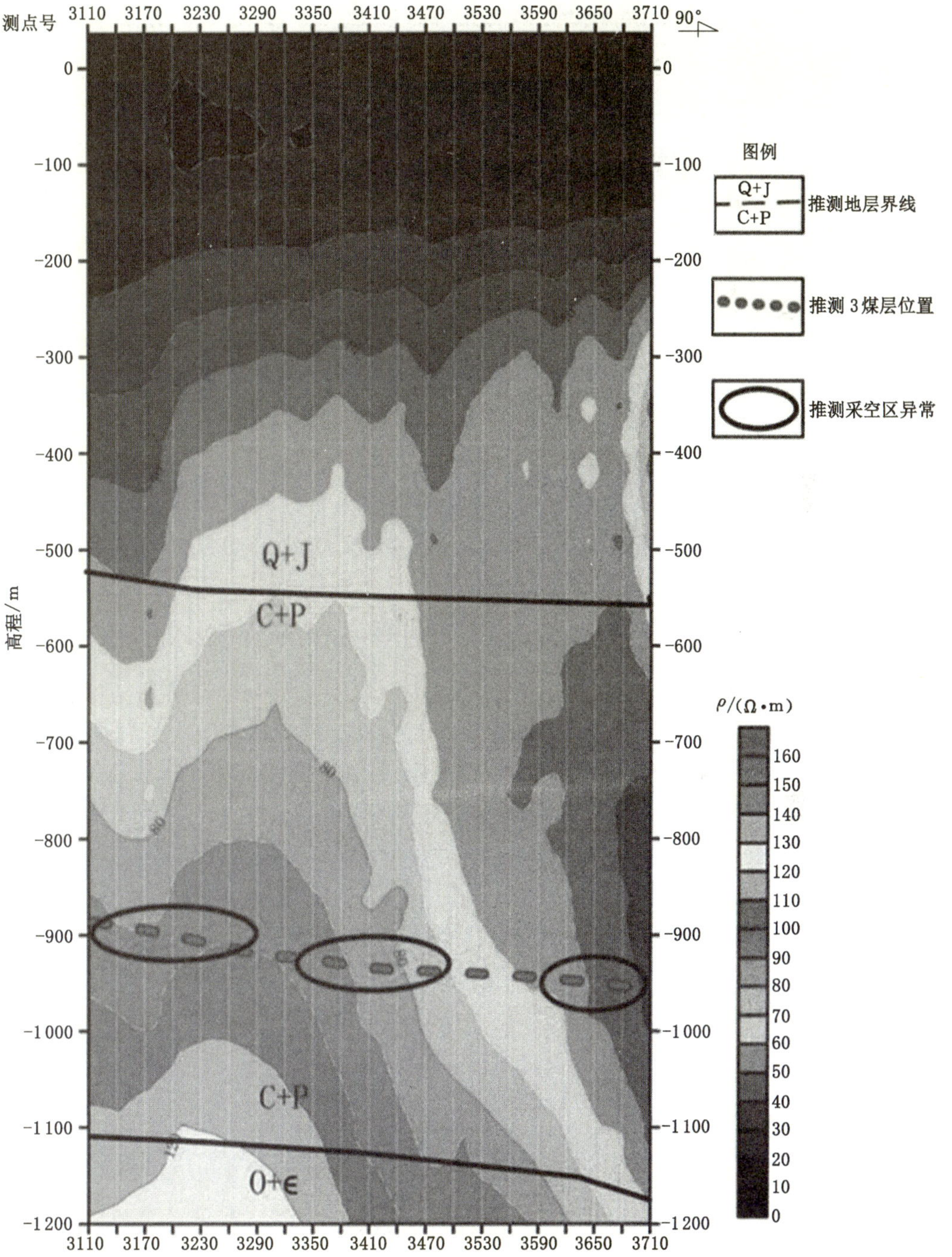

图 5-8 4290 线 CSAMT 测量电阻率拟断面及初步解释图

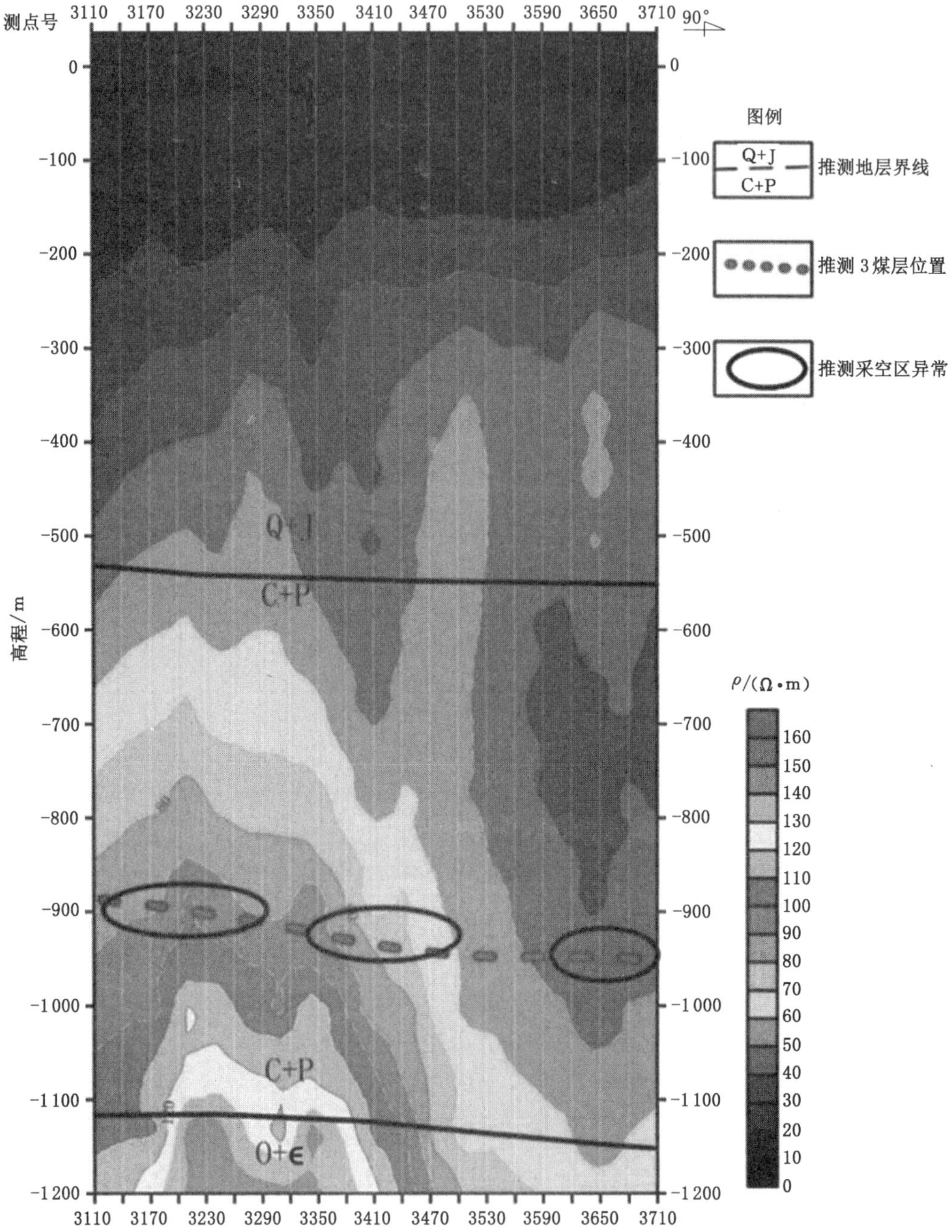

图 5-9 4340 线 CSAMT 测量电阻率拟断面及初步解释图

4090 测线长度为 600 m，测线方位角约为 90°，点距 30 m，电阻率由浅至深大体上呈低-中-高的变化趋势。依据相关煤田地质资料，该测线下部存在煤层且未开采，可作为电阻率

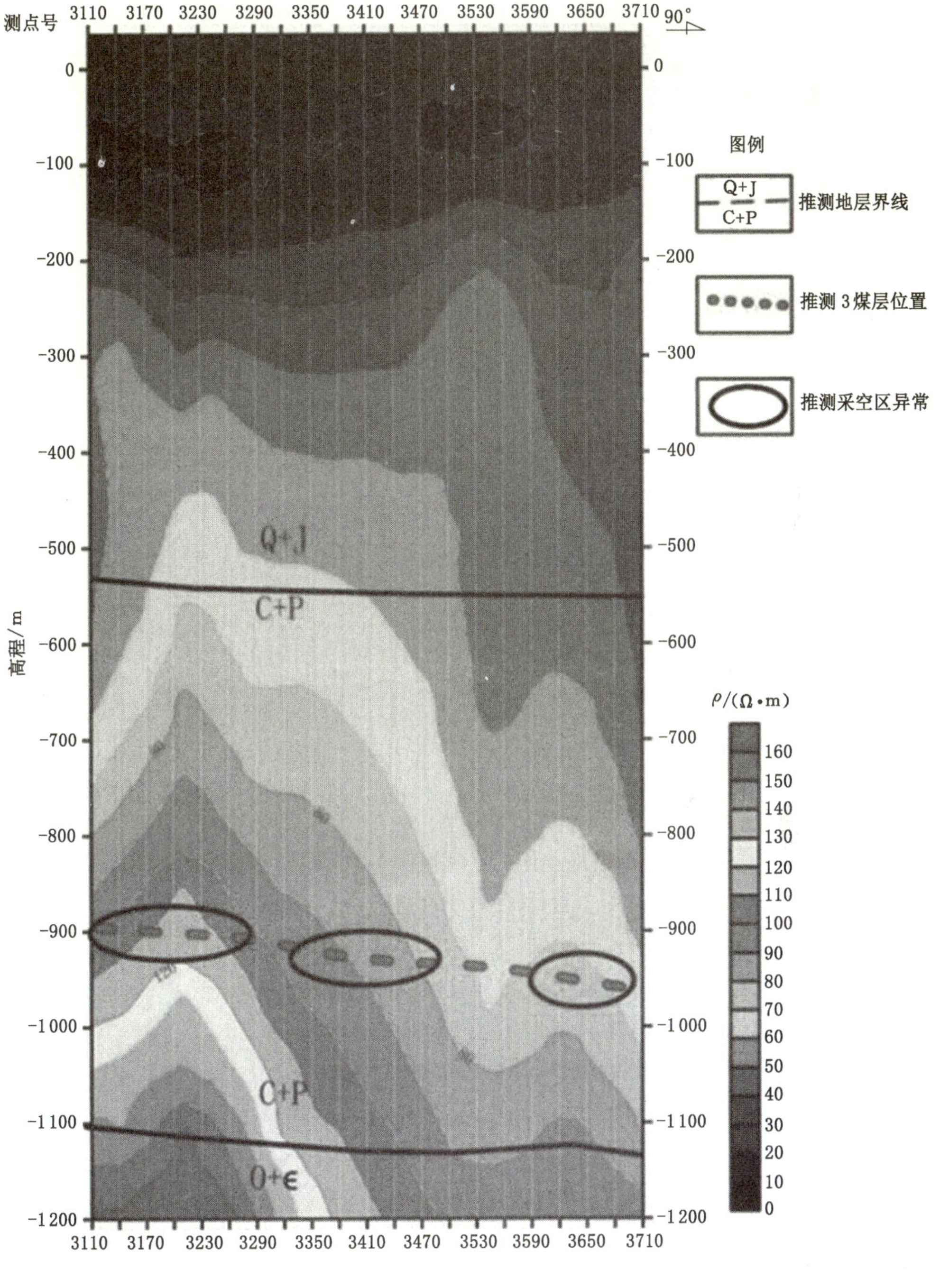

图 5-10　4390 线 CSAMT 测量电阻率拟断面及初步解释图

背景概况进行了解认识。结合收集的其他地质资料，推断侏罗系底板埋深约为－520 m，奥

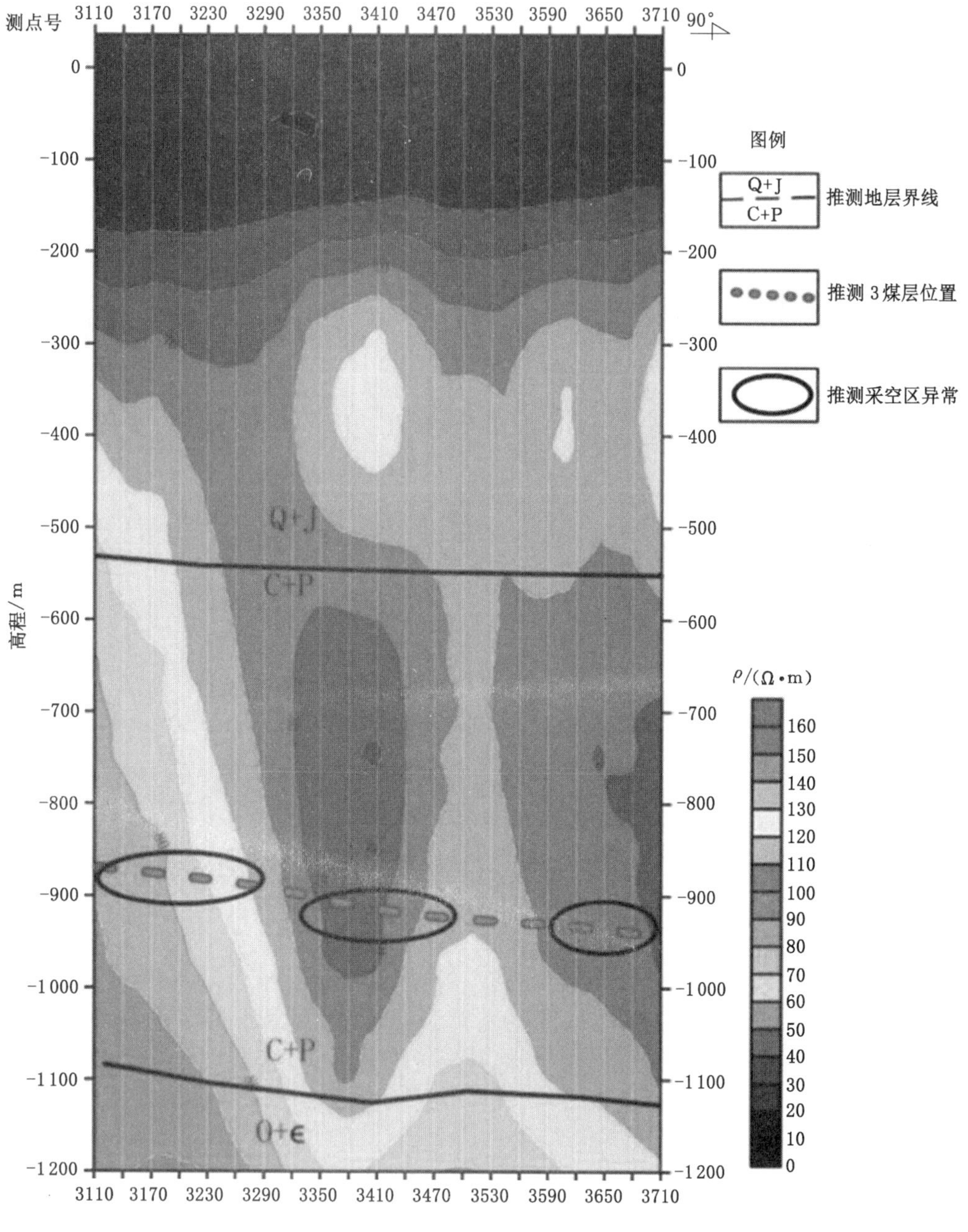

图 5-11　4590 线 CSAMT 测量电阻率拟断面及初步解释图

陶-寒武系地层在－1 100 m 深度以下，石炭-二叠系含煤地层深度为－520～－1 100 m，根据已有的钻孔资料显示，此次勘查的目标煤层 3 煤埋藏深度为－870～－930 m。从 4090 线电阻率拟断面图上可以看出，在测点 3110—3230 存在高阻异常，根据野外记录，推测此高阻

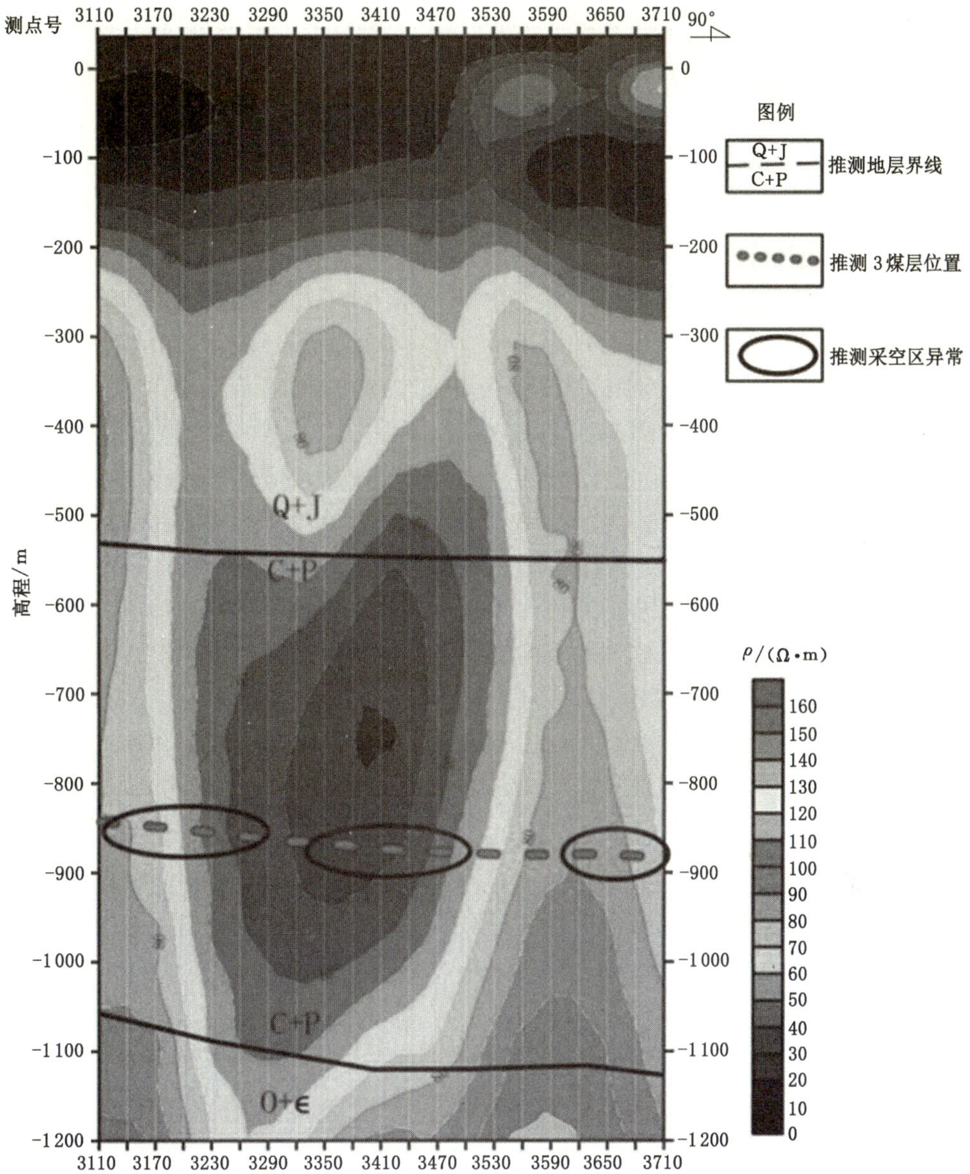

图 5-12 4990 线 CSAMT 测量电阻率拟断面及初步解释图

异常为北北西向高压线引起的人为干扰异常;在测点 3230—3710,断面电阻率等值线随深度的增大逐渐升高,变化平稳,且横向上略有起伏,基本反映了地层的纵向变化。在 4090 线电阻率拟断面图上,未发现采空区异常。

4140 测线长度为 600 m,测线方位角为 90°,位于 4090 线北侧约 50 m 处,与 4090 线相比,除地层埋深略有变浅外,地质情况大致相同。从 4140 线电阻率拟断面图上可以看出,在测点 3110—3230 存在高阻异常，根据野外记录，推测此高阻异常为北北西向高压线引起的人为干扰异常；在测点 3230—3710，断面电阻率等值线纵向上随深度的增大逐渐升高，在测点 3350—3500 处及 3620—3710 处，高程－800～－930 m 存在两处低阻异常，电阻率数值为 50～80 Ω·m，推测为煤田采空区富水引起的低阻异常。

4290 测线长度为 600 m，测线方位角为 90°，位于 4090 线北侧约 200 m 处，与 4090 线相比，除地层埋深略有变浅外，地质情况大致相同。根据已知的地质资料，推测出断面图上 3 煤层埋深为－890～－930 m，在测点 3110—3290，高程－890～－910 m，存在高阻异常区域，电阻率值为 80～100 Ω·m，推测为富水性较差的煤矿采空区异常；在测点 3320—3500，高程－900～－920 m，存在电阻率阻横向变化较大的异常区域，电阻率值为 80～100 Ω·m，推测为富水性一般的煤矿采空区异常；在测点 3590—3710，高程－910～－930 m，存在低阻异常区域，电阻率值为 40～60 Ω·m，推测为富水的煤矿采空区异常。

4340 测线长度为 600 m，测线方位角为 90°，位于 4090 线北侧约 250 m 处，与 4090 线相比，除地层埋深略有变浅外，地质情况大致相同。根据已知的地质资料，推测出断面图上 3 煤层埋深为－890～－930 m，在测点 3110—3290，高程－890～－910 m，存在高阻异常区域，电阻率值为 80～100 Ω·m，推测为富水性较差的煤矿采空区异常；在测点 3320—3500，高程－900～－920 m，存在电阻率阻横向变化较大的异常区域，电阻率值为 60～100 Ω·m，推测为富水性一般的煤矿采空区异常；在测点 3590—3710，高程－910～－930 m，存在低阻异常区域，电阻率值为 45 Ω·m，推测为富水的煤矿采空区异常。

4390 测线长度为 600 m，测线方位角为 90°，位于 4090 线北侧约 300 m 处，与 4090 线相比，除地层埋深略有变浅外，地质情况大致相同。根据已知的地质资料，推测出断面图上 3 煤层埋深为－900～－930 m，在测点 3110—3290，高程－870～－900 m，存在高阻异常区域，电阻率值为 100～120 Ω·m，推测为富水性较差的煤矿采空区异常区域；在测点 3320—3500，高程－890～－920 m，存在电阻率变化异常区域，电阻率值为 80～100 Ω·m，推测为富水煤矿采空区异常区域；在测点 3590—3710，高程－890～－920 m，存在低阻异常区域，电阻率值为 60～80 Ω·m，推测为富水煤矿采空区异常区域。

4590 测线长度为 600 m，测线方位角为 90°，位于 4090 线北侧约 500 m 处，与 4090 线相比，除地层埋深略有变浅外，地质情况大致相同。根据已知的地质资料，推测出断面图上 3 煤层埋深为－870～－930 m，在测点 3110—3290，高程－870～－900 m，存在高阻异常区域，电阻率值为 60～90 Ω·m，推测为富水性较差的煤矿采空区异常区域；在测点 3320—3500，高程－890～－920 m，存在低阻异常区域，电阻率值为 30～50 Ω·m，推测为富水煤矿采空区异常区域；在测点 3590—3710，高程－890～－920 m，存在低阻异常区域，电阻率值为 40～50 Ω·m，推测为富水煤矿采空区异常区域。

4990 测线长度为 600 m，测线方位角为 90°，位于 4090 线北侧约 800 m 处，与 4090 线相比，除地层埋深略有变浅外，地质情况大致相同。根据已知的地质资料，推测出断面图上 3 煤层埋深为－850～－890 m，在测点 3110—3290，高程－850～－860 m，存在电阻率变化异常区域，电阻率值为 30～80 Ω·m，推测为富水性一般或部分富水的煤矿采空区异常区域；在测点 3320—3500，高程－870～－880 m，存在低阻异常区域，电阻率值为 20～50 Ω·m，推测为富水煤矿采空区异常区域；在测点3590—3710，高程－880～－900 m，存在高阻异常区域，电阻率值为80～90 Ω·m，推测为富水性较差的煤矿采空区异常区域。

使用专用软件，对各测线的数据进行统一整理并进行插值网格化获得测区的三维数据体，对数据体进行了不同深度的电阻率等值线平面图、勘探线方向电阻率拟断面图等图的绘制，图5-13～图5-15为－800～－1 000 m的电阻率平面等值线图，图5-16～图5-17为电阻率拟断面图。

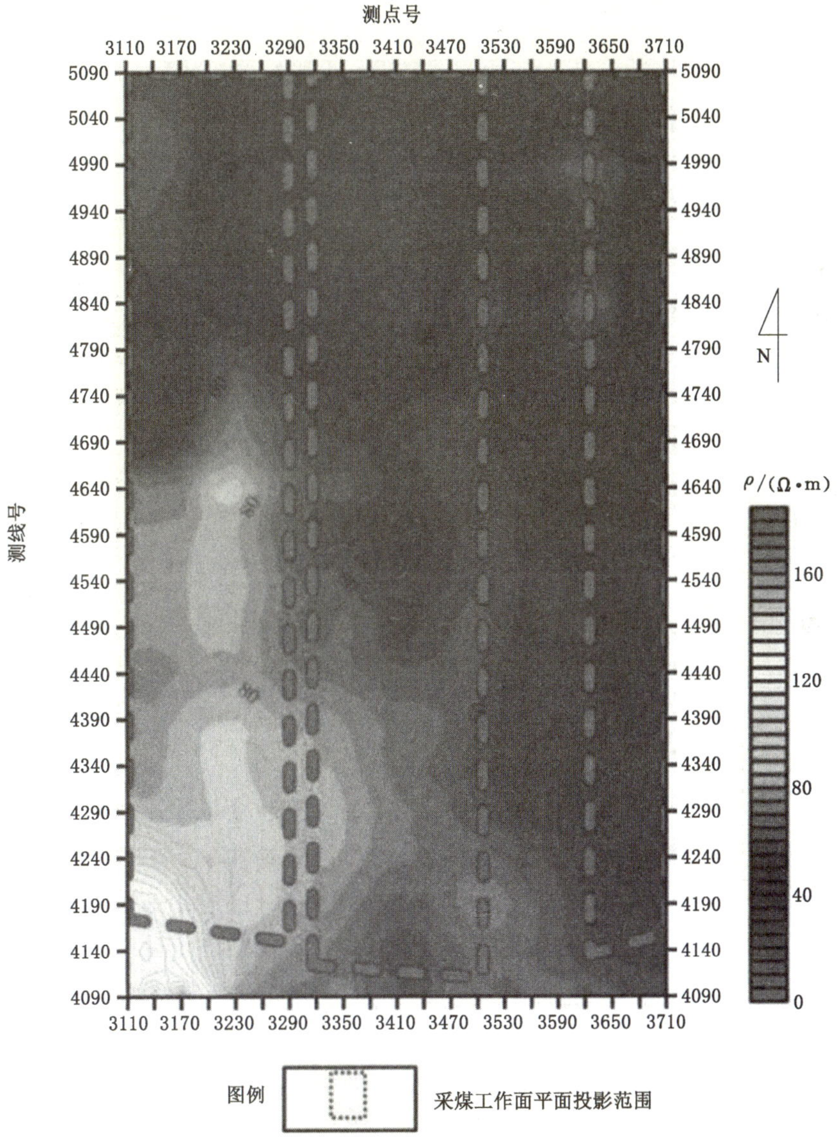

图5-13　测区－800 m深度电阻率平面等值线图

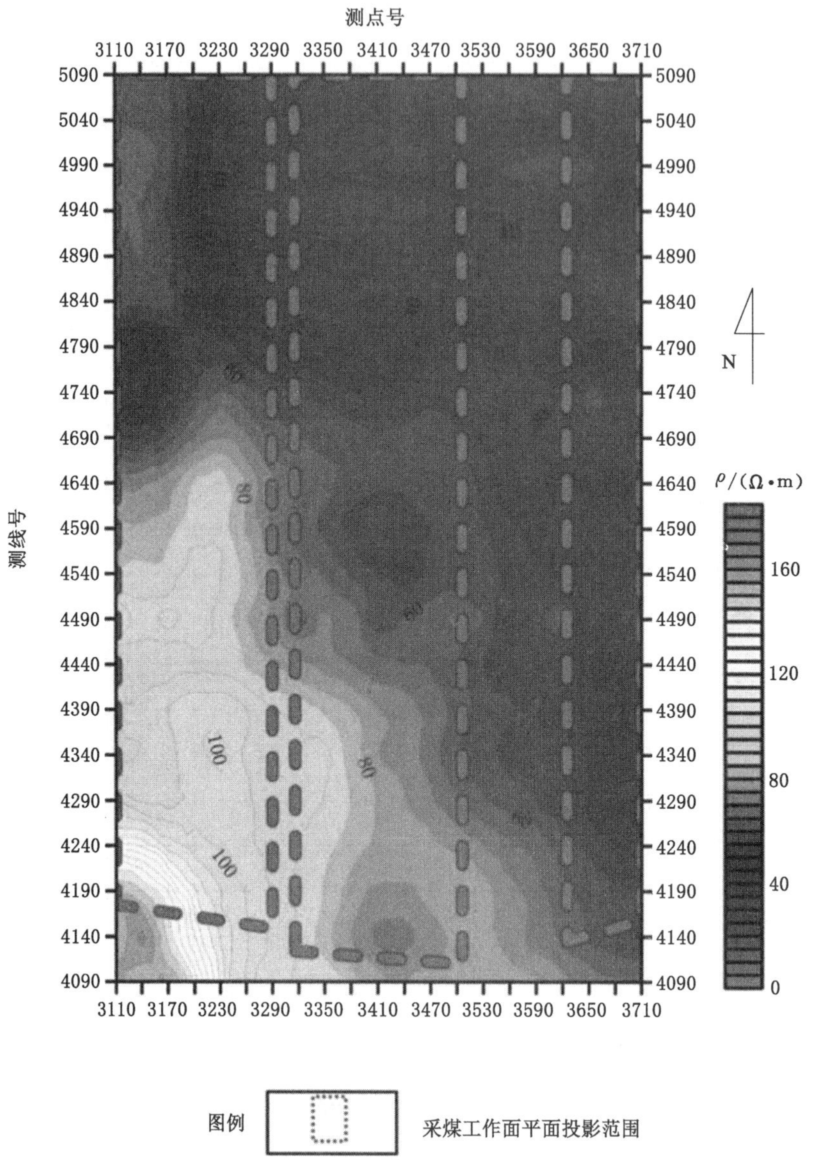

图 5-14　测区－900 m 深度电阻率平面等值线图

总体上看，由于可控源音频大地电磁在纵向上分辨率随着深度的增大逐渐变小，三个深度的电阻率平面等值线图形态相似。测区西南角受人为干扰严重，电阻率较大。除人为干扰特别严重的区域外，每条测线上能大致推测出三个采空区异常区域，对应三个南北向的工作面，与相关的地质资料吻合的效果较好。从电阻率等值线平面图上看，三个采空区的富水性在不同区段略有变化，整体看来，测点 3590—3710 即测线东部大号点处的采空区即 2306 工作面，富水性相对较好；测点 3320—3500 即测线中部的采空区即对应的 2307 工作面，富

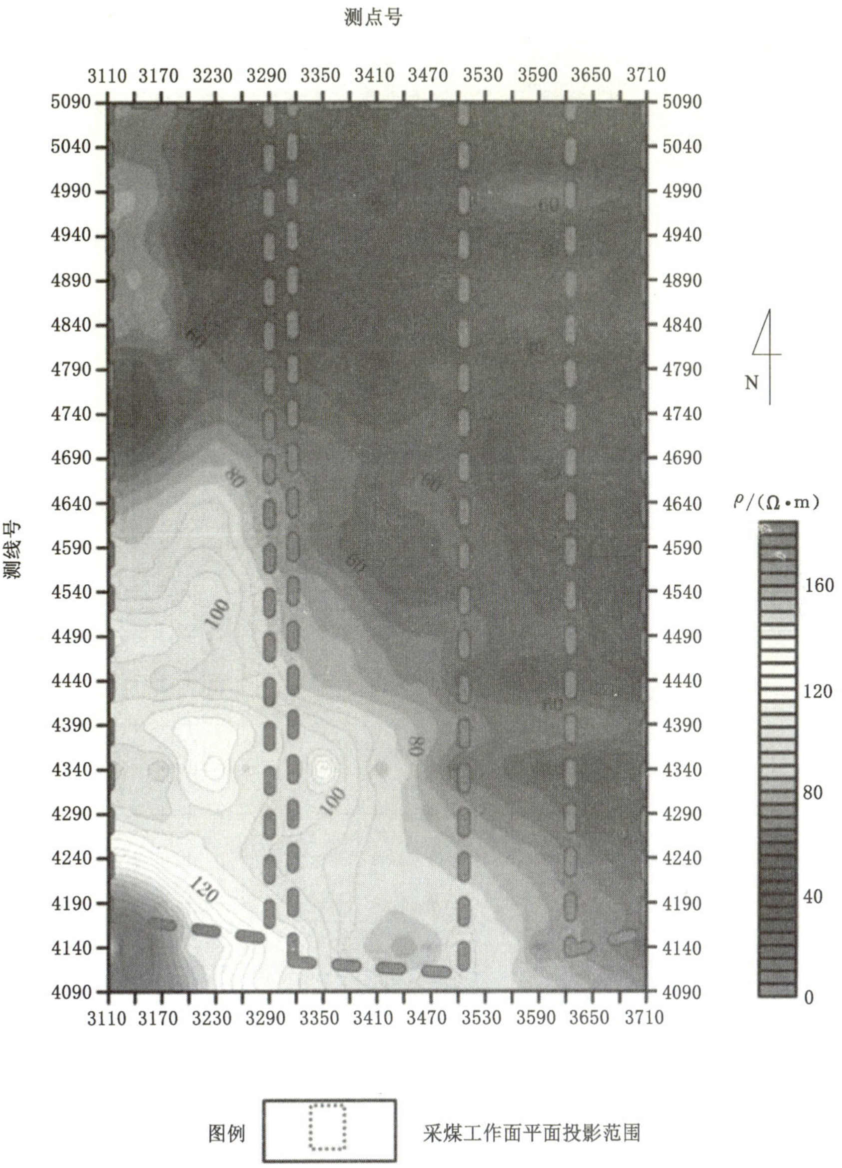

图 5-15 测区－1 000 m 深度电阻率平面等值线图

水性一般，工作面的北部富水性较南部相对略好；测点 3110—3290 即测线西部小号测点的采空区即 2308 工作面，富水性相对较差，工作面的北部 300 m 左右富水性较南部略好。个别测点区域的采空区富水情况需结合测线成果图具体参照。

5.1.6 结论与建议

通过野外勘探及数据分析，可获得如下结论及建议。

(1) 野外工作严格按照相关规范执行，数据质量可靠，圆满完成设计工作量。通过数据

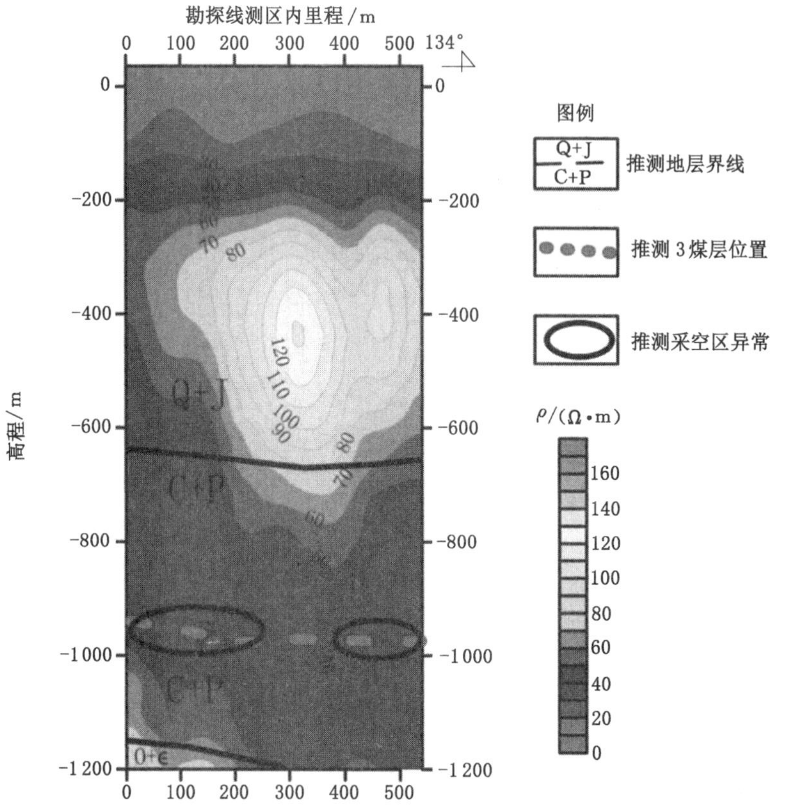

图5-16　测区内10勘探线上电阻率拟断面图

处理，取得了大量的电性资料，结合已有地质成果，对所获电性资料做出了较精细的地质解释，绘制了井旁测深资料与钻孔资料对照图、各测线视电阻率拟断面图、不同深度的电阻率等值线平面图、勘探线方向电阻率拟断面图等。

(2) 对工区的采空区分布情况作出了推断解释。依据电阻率拟断面图成果，圈定了各测线上的采空区异常范围，并对各异常的富水性做了细致的推断解释。结合已有的地质、物探资料，对测区范围内的大致地层结构形态进行了推断分析。

结合项目设计及此次物探成果，给出以下建议。

(1) 由于电法勘探对低阻敏感、纵向分辨率低等局限性，对富水采空区低阻异常反应较为明显，对高阻空洞的采空区反应相对不明显。对煤层采空后形成的"三带"划分，CSAMT勘探成果效果不明显，需要开展其他工作进一步研究。

(2) 建议在采空区异常范围，进行钻孔验证，通过钻孔进一步确认采空区分范围。

采用类似的办法对田庄煤矿和葛亭煤矿的特征采空区进行了物理勘查，并确定了采空区异常位置，为钻探验证确定了点位。

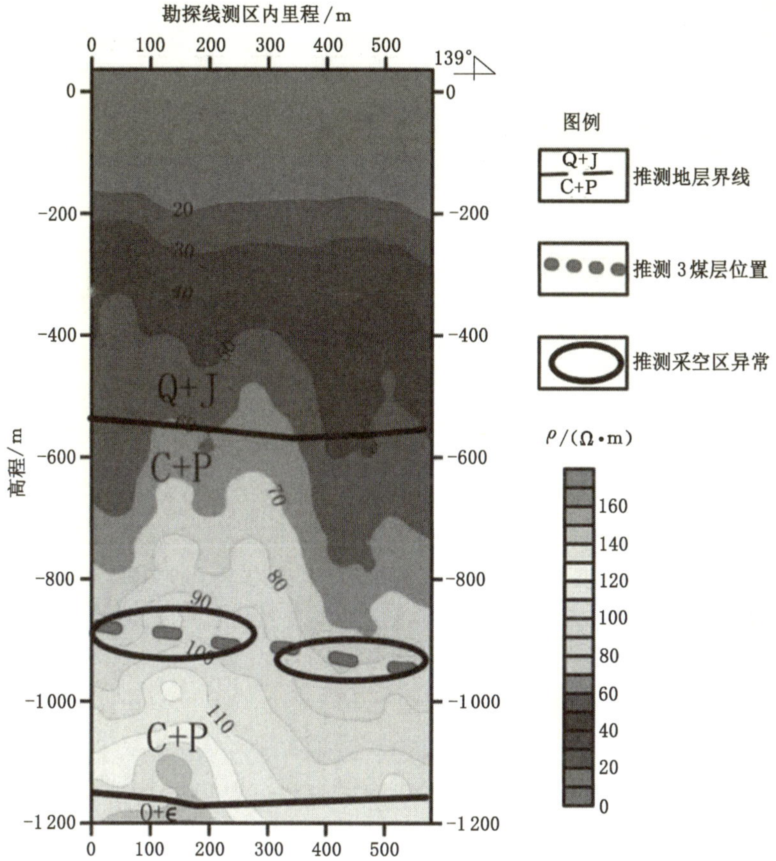

图5-17　测区内11勘探线上电阻率拟断面图

5.2　采空区覆岩结构的钻探验证

钻探工程主要是验证物探解译成果、控制采空区上覆岩层“三带”发育高度，通过岩矿试验采空区顶板及上覆岩层的岩石力学性质，达到利用钻探工程验证并修正物探勘查成果的目的。

采空区上覆岩层“三带”发育高度主要受采煤厚度、上覆岩层的岩性以及采空区稳定性等因素的影响。开采时间是采空区稳定性的决定因素。

本次钻探工程拟布设于开采时间较早，采空区稳定性为稳定的区域内。针对不同采煤厚度，本次钻探工程分别布设于厚、中厚以及薄煤层的采空区内，用于确定采煤厚度造成的“三带”发育高度的不同。针对上覆岩性对“三带”发育高度的影响，在评价区内，采空区上覆岩性的不同与煤层埋深大小紧密相关，煤层埋深大的区域，其上覆岩层为煤系地层、侏罗系砂岩和第四系地层，而煤层埋深小的区域其上覆岩层主要是煤系地层和第四系地层，因此可依据煤层埋深作为区分上覆岩层对“三带”发育高度的影响。

依据物探勘查成和评价区内煤层埋深情况，确定3个钻孔位置，分别布设于葛亭煤矿

2004 年终采，煤层埋深大于 500 m 且开采厚度为 5.04 m 的厚煤层赋存区域内；唐口煤矿 2010 年终采，埋深大于 800 m 且开采厚度为 3.50 m 的中厚煤层赋存区域内和田庄煤矿 2001 年终采，埋深小于 500 m 且开采厚度为 1.20 m 的薄煤层赋存区域内。钻探工作量 1 770 m，各钻探基本情况见表 5-1。

表 5-1　设计钻探工程一栏表

煤矿名称	孔号	孔深/m	开采厚度/m	坐标		倾角/(°)	终采时间
				X/m	Y/m		
田庄煤矿	ZK01	230	1.20	3 920 882	39 478 373	90	2001 年
葛亭煤矿	ZK02	620	5.04	3 931 779	39 456 320	90	2004 年
唐口煤矿	ZK03	920	3.50	3 924 586	39 453 434	90	2010 年

根据物探工作成果确定钻孔具体位置后，编写了每个钻孔的单孔设计书；钻机进入施工场地、安装完毕后，组织全体施工人员学习设计，了解施工技术要求，进行现场技术交底工作。

本次钻探施工均采用小口径金刚石钻进，绳索取芯，全孔取芯。ZK01 钻孔采用XY-4 型钻机钻进，配备 BW250 型泥浆泵，动力电引自兖州区王因镇齐家村。开孔孔径为 110 mm，泥浆护壁，单管钻进。至 162.25 m 处下 108 mm 套管，以 75 mm 钻头钻进，钻进至 232.45 m 处终孔。

ZK02 和 ZK03 钻孔采用 XY-5 型钻机钻进，配备衡阳 250 泥浆泵。开孔孔径为110 mm，泥浆护壁，单管钻进。至 219.46 m 处下 108 mm 套管，以 89 mm 钻头钻进，绳索取芯，化学泥浆护壁；至 224.15 m 处下 89 mm 套管，以 75 mm 钻头钻进，至 922.6 m 处终孔。

钻探野外施工图如图 5-18 所示。

图 5-18　采空区钻探野外施工图

岩石采取率为 92%～94%，采空区顶底板 3～5 m 采取率均为 100%，符合规范要求。

取出的岩芯摆放整齐(图 5-19),并按照回次进行编号,随时填写了钻探班报表与岩芯牌,及时进行了岩芯编录、描述。两个钻孔均为直孔。钻孔开孔孔径为 110 mm,终孔孔径为 76.5 mm。在钻孔施工过程中,对所有钻孔均每 50 m 左右进行一次弯曲度测量。按照设计要求,所施工钻孔均不超差,符合规范要求。

图 5-19　岩芯摆放及钻探过程测井照片

钻孔质量表见表 5-2。钻孔施工质量按《岩芯钻探规程》和设计书要求执行。从表 5-2 可以看出,矿区施工的 3 个钻孔均为优质孔。

表 5-2　钻孔质量一览

钻孔编号	孔深/m	采取率/%	钻孔弯曲度测量			孔深校正测量			简易水文观测			原始记录			封孔质量
		岩芯矿心	应测次数	实测次数	超差次数	应测次数	实测次数	超差次数	应测次数	实测次数	合格率/%	应记次数	实记合格次数	合格率/%	
ZK01	232.45	94	5	5	0	3	3	0	89	84	95	89	89	100	满足要求
ZK02	615.10	95	12	12	0	13	13	0	228	215	94	228	228	100	
ZK03	922.68	92	16	16	0	16	16	0	320	299	93	329	329	100	

本次工作待采空区钻孔终孔并完成测井工作后,按照设计书要求采用水泥加水搅拌均匀后进行全孔封闭(图 5-20),孔口有水泥固定的石桩标志,封孔质量合格,满足规范要求。

图 5-20　钻孔封孔照片

5.3 采空区三带高度的综合分析

在施工采空区钻孔、简易水文观测及综合测井工作资料基础上，完成了采空区钻孔柱状图的编制工作。根据岩芯完整性、泥浆漏失、卡钻掉钻以及区内以往其他采空区钻探资料，对采空区垮落断裂带发育高度进行了判定，并与《煤矿采空区岩土工程勘察规范》(GB 51044—2014)中计算公式确定的垮落断裂带发育高度进行了对比，详述如下：

5.3.1 基于钻探工程垮落断裂带发育高度的判定

(1) 垮落带发育高度判定

ZK02 钻孔在施工至 592.8 m 处孔内水位自 11.5 m 快速下降至 100 m 以下，冲洗液消耗量也快速增加，如图 5-21 所示，因为钻孔位置附近有断层存在，通过对煤矿地质资料的分析研究，判定该断层存在提前沟通钻孔与垮落带的可能，因此孔内水位和冲洗液消耗情况不作为垮落带判定的主要依据。

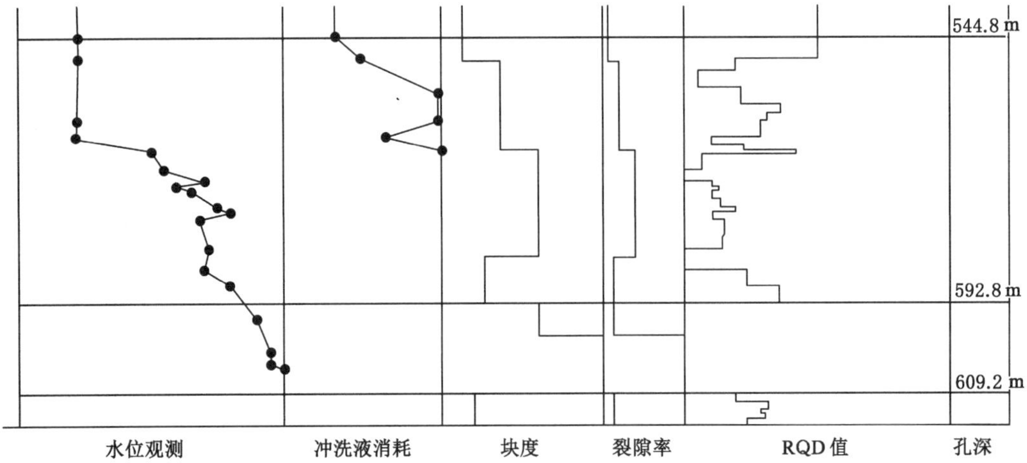

图 5-21 ZK02 钻孔柱状图截图

通过重新分析钻探资料，以岩芯完整性为主要判定依据，孔深 592.8～609.2 m 段岩芯为碎块状(图 5-22)，RQD 值为 0，并且在钻进过程中 601.80 m、604.80 m 及 609.20 m 处各有一次掉钻现象，609.20 m 以下岩芯趋于完整。

ZK03 钻孔在施工自 906.8 m 处冲洗液消耗量开始增加，913.68 m 以下冲洗液消耗量突然增加至 20 000 L/h 以上，906.8～913.68 m 处孔内水位开始下降，至 913.68 m 突然降低至 100 m 以下，孔内未见掉钻现象，岩芯采取率较上下两段稍低(图 5-23)。906.8 m 处岩芯破碎，仅有少量大块岩芯，RQD 值接近 0，至 919.2 m 以下岩芯趋于完整(图 5-24)。根据以上情况结合《煤矿采空区岩土工程勘察规范》(GB 51044—2014)中采空区钻探现场描述要点及三带判定依据，判断 ZK03 孔深 906.8～919.2 m 为垮落带，垮落带高度为 12.4 m。

(2) 断裂带的判定

ZK02 钻孔内冲洗液消耗量自 544.8 m 处开始显著增加，相应的岩芯块度、裂隙率、

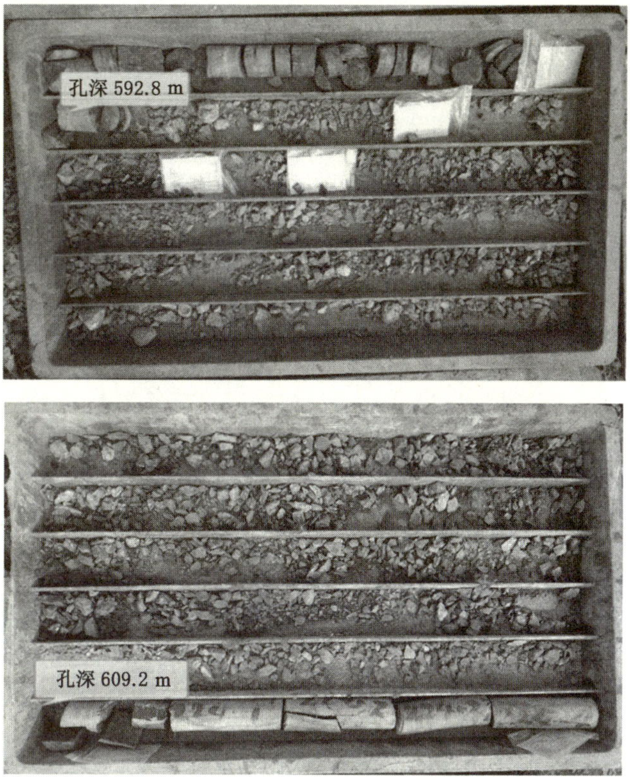

图 5-22 ZK02 钻孔 592.8～609.2 m 岩芯图

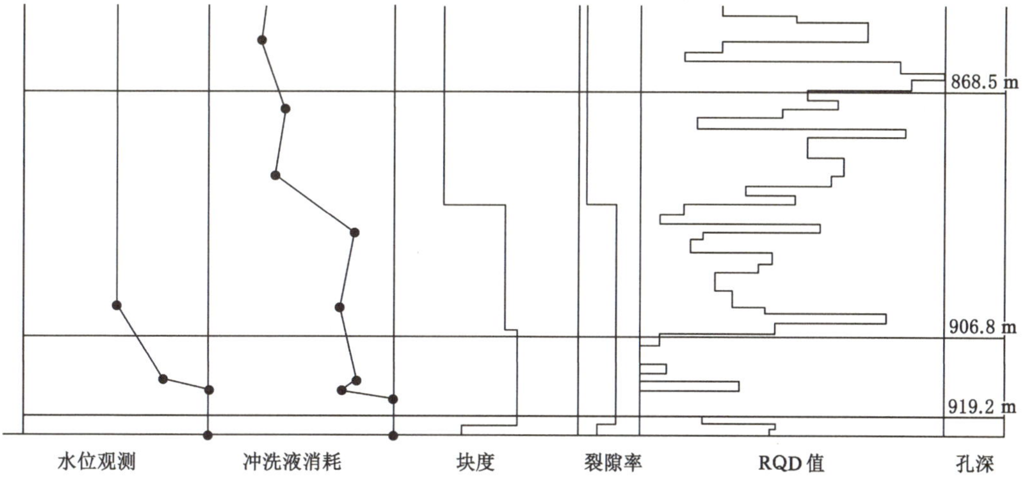

图 5-23 ZK03 钻孔柱状图截图

RQD 值等数据也在 549.3 m 处开始显著变大(图 5-25),因此判断孔深 544.8～592.8 m 处为断裂带,断裂带高度为 48.0 m。

ZK03 钻孔自孔深 868.5 m 处开始,岩芯趋于破碎,以短柱状、块状为主,无长柱状岩芯,

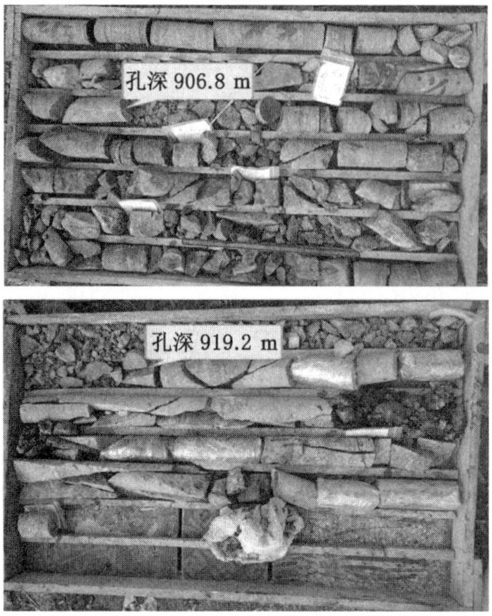

图 5-24 ZK03 钻孔 906.8～919.2 m 岩芯图

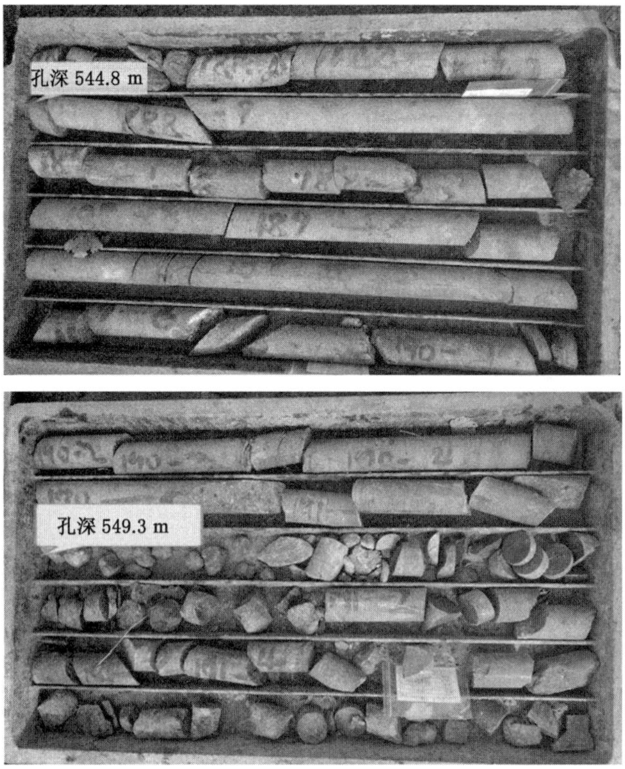

图 5-25 ZK02 钻孔 544.8～549.3 m 岩芯图

岩芯 RQD 值较上段明显降低。868.5～886.1 m 段岩芯块度及裂隙率与上段持平，886.1 m 以下岩芯块度和裂隙率显著增加，岩芯趋于破碎，裂隙增多(图 5-26)，868.5～881.5 m 冲洗液消耗量与上段持平，881.5 m 处开始，冲洗液消耗量明显增加。因此判断孔深 868.5～906.8 m处为断裂带，断裂带高度为 38.3 m。

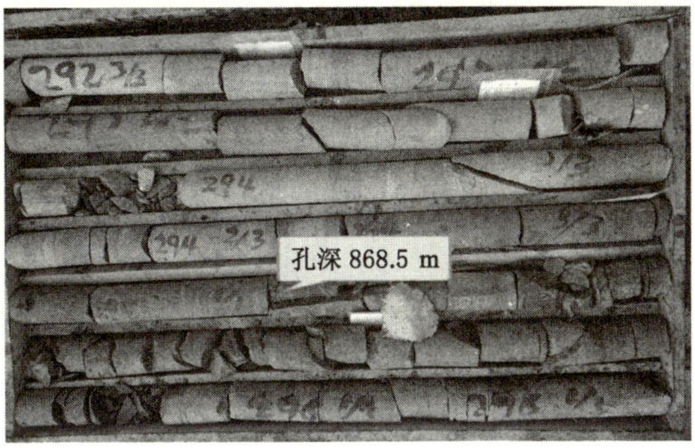

图 5-26　ZK03 钻孔 868.5～886.1 m 岩芯图

基于钻探工程判定两个钻孔垮落带与断裂带发育高度见表 5-3。

表 5-3　基于钻探工程判定的垮落断裂带发育高度一览表

钻孔编号	垮落带/m			断裂带/m			垮落断裂带高度/m
	孔深自	孔深至	高度	孔深自	孔深至	高度	
ZK02	592.8	609.2	16.4	544.8	592.8	48.0	64.4
ZK03	906.8	919.2	12.4	868.5	906.8	38.3	50.7

5.3.2　基于公式法垮落断裂带发育高度的判定

根据《煤矿采空区岩土工程勘察规范》(GB 51044—2014)中计算公式确定的垮落断裂带发育高度，结合 ZK02 和 ZK03 钻孔位置处开采厚度，计算其垮落断裂带发育高度结果见表 5-4。

表 5-4　公式法计算的垮落断裂带发育高度

钻孔编号	采厚/m	垮落带发育高度/m	垮落断裂带发育高度/m
ZK02	5.33	9.9～14.3	38.3～56.2
ZK03	3.63	7.9～12.3	33～44.2

垮落带发育高度计算公式：

$$H_{m}=\frac{100M}{4.7M+19}\pm 2.2 \tag{5-3}$$

垮落断裂带发育高度计算公式：

$$H_{li}=\frac{100M}{1.6M+3.6}\pm 5.6 \tag{5-4}$$

式中，M 为累计采厚。

5.3.3 对比分析及公式修正

由表5-3和表5-4中垮落断裂带发育高度可知，根据公式法计算得出的垮落带和垮落断裂带发育高度范围值其最大值要小于本次钻探工程判定的垮落带发育高度。这是由于公式适用条件为“厚煤层分层开采”，而在钻探区域的开采方法为“放顶煤开采”。开采工艺的不同导致了垮落断裂带发育高度的差异。

通过对研究区域的兖州矿区多年实测资料的整理分析，得到适用于该矿区的放顶煤开采垮落断裂带高度计算方法。

垮落带发育高度计算公式：

$$H_{\mathrm{m}}=\frac{100M}{5.45M+5.82}\pm 3.15 \tag{5-5}$$

垮落断裂带发育高度计算公式：

$$H_{\mathrm{li}}=\frac{100M}{1.64M+2.36}\pm 3.13 \tag{5-6}$$

采用上述公式计算得到的两个钻孔区域的垮落断裂带发育高度见表5-5。

表5-5　兖矿放顶煤开采实测公式法计算的垮落断裂带发育高度

钻孔编号	采厚/m	垮落带发育高度/m	垮落断裂带发育高度/m
ZK02	5.33	12.1～18.4	44.9～51.1
ZK03	3.63	11.0～17.3	40.5～46.8

从表5-5中可以看出，根据兖矿实测资料总结公式算出的垮落带、垮落断裂带发育高度波动程度更小，在均值上比《煤矿采空区岩土工程勘察规范》中分层开采公式得到的结果更吻合实测结果。但是，也存在计算得到的垮落断裂带综合发育高度小于实测结果的状况。

5.4 基于覆岩结构的极限残余变形计算方法

(1) 极限残余变形计算原理

已有研究成果表明，老采空区上方地表的残余变形分为自然状态下的缓慢蠕变变形和外界因素影响下的突然失稳变形。缓慢蠕变变形时，地表沉陷可在确定适宜的残余变形系数后采用概率积分法进行计算；突然失稳变形时，可将地层空间转化为等价采厚后采用概率积分法进行计算。

因此，无论是缓慢蠕变变形还是突然失稳变形，均是地下空间向地表的释放，释放的过程均可以采用概率积分法进行计算，不同点在于释放的速率和总释放空间量。

极限残余变形理论假定采出的煤炭资源体积和浅部土层失水固结体积，除去永久不可释放的部分外，最终会全部释放到地表。即煤炭资源采出体积可简化为三部分：已沉陷空间、不可释放空间和可释放空间，如图5-27所示。

在进行极限残余变形计算时，假定可释放的残余变形空间全部释放到地表，不再考虑释放时间因素，按最终结果评估采空区地基稳定性和建筑利用适宜性。

(2) 采出空间的确定

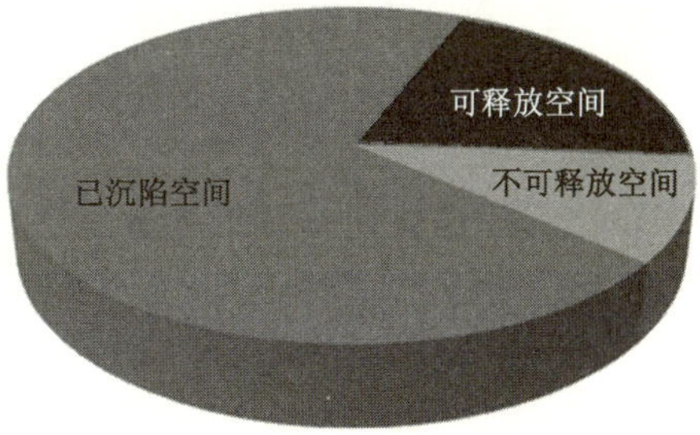

图 5-27 采出空间分布

无论对于何种规模的开采区域和任意开采方法，计算采出空间最为简便的方法是利用该生产区域统计结果中显示的采煤量除以该区域的煤炭重度，也可以根据实际生产中的采场布置、开采厚度和采出率等参数算出。

（3）已沉陷空间的确定

在进行地表已沉陷空间计算时，主要有两类方法可采用：第一类是利用研究区域沉陷前后地形数据求差获得；第二类是根据矿区开采沉陷观测资料求取。

① 基于地形数据的地表已沉陷空间计算

基于地形数据进行地表沉陷空间计算时，核心问题是获得研究区域开采沉陷前后的高程信息。在获取的高程信息基础上，分别建立研究区域沉陷前后的 DEM，然后进行 DEM 求差即可获得沉陷体积。

开采沉陷前的高程数据通常可以根据研究区域存档的原始大比例尺地形图获得，而沉陷后的高程数据则可以通过实地测量的方法获得。

② 基于开采沉陷数据的地表已沉陷空间计算

济宁城市规划区各矿井积累了大量的实测地表观测站数据，根据已有的观测数据可以建立适应于对应矿区的开采沉陷计算模型。根据开采沉陷计算模型和实测的参数，则可以计算出开采引起的地表沉陷体积。

（4）不可释放空间的计算

由于采空区上方岩层的碎胀作用及各种力学支撑结构的存在，总有一部分采出空间将永久存在于岩层结构中，这部分不可释放空间以破碎岩体的残余碎胀空间为主。在进行残余碎胀空间计算时，涉及两方面的内容：一方面为破碎岩石体积的确定，另一方面为残余碎胀系数的确定。

① 破碎岩石体积的确定

在采空区上方的岩层中，其破碎程度从下到上逐渐减小，其中垮落带中的岩石破碎严重，层位错乱，断裂带中岩石呈块段状破裂，层位不发生明显变化，而弯曲带中岩石破裂形态不明显，因此在进行破碎岩体碎胀计算时，可只考虑破碎严重的垮落带内岩体，对块段状破裂的断裂带和破裂不明显的弯曲带不予考虑。

在垮落带高度确定的基础上，根据采场布置情况则可以计算出研究区域的破碎岩体体积。

② 残余碎胀系数的计算

岩石的碎胀系数与岩石的粒径、岩性和围岩压力等密切相关，通过大量的统计分析[37]，部分岩石的残余碎胀系数见表5-6。

表5-6 岩石的残余碎胀系数

岩石名称	黏土	碎煤	泥质页岩	砂质页岩	一般软岩	一般中硬岩石	一般硬岩石
残余碎胀系数	1.03～1.07	1.05	1.10	1.10～1.15	1.020	1.025	1.030

在确定了破碎岩体的体积和残余碎胀系数后，岩石残余碎胀所占用空间可采用破碎岩体体积与残余碎胀系数中的小数部分相乘进行计算。

(5) 济宁城市规划区极限残余变形计算

在进行济宁城市规划区极限残余变形计算时，根据采空区类型，分别确定各采空区的可释放空间。

① 长壁采空区

根据区域实测资料确定垮落断裂带高度，然后利用上述方法计算得出采空区上覆岩层中的可释放空间。

② 条带开采区域

假定在极端情况下，条带煤柱的长期稳定性无法保持，条带煤柱碎落到周边采空区，然后利用上述方法计算得出采空区上覆岩层中的可释放空间。

③ 充填开采区域

根据充填材料的性质将充填体的可压缩量和充填时的悬顶距合并为等价采厚，然后利用上述方法计算得出采空区上覆岩层中的可释放空间。

大量的实测资料表明，老采空区上方的地表残余变形仍符合概率积分法规律。因此，依据上述方法确定出各工作面区域的极限剩余可释放空间，利用各矿井实测的概率积分法参数，可计算得到济宁城市规划区老采空区的极限残余移动变形值。

6 济宁城市规划区采空区稳定性与工程建设适宜性评价

6.1 采空区稳定性评价指标

本次采空区稳定性评价采用《煤矿采空区岩土工程勘察规范》中规定的方法，综合分析采空区类型、开采条件、终采时间、地表移动变形特征、顶板岩性及覆盖土层厚度等评价因子，采用开采条件判别法对采空区稳定性进行初步评价。

开采条件判别法判别标准以工程类比和本区经验为主，并综合各类评价因子进行判别。

6.1.1 按终采时间确定采空区场地稳定性等级

按终采时间确定采空区场地稳定性等级的评价指标见表 6-1。分别根据济宁市城市规划区范围内矿井内各煤层、各工作面的开采时间，确定各工作面的稳定状态，然后综合利用边界角和概率积分法确定各工作面在地表的影响范围。对于影响范围有重叠的情况，按照只要有不稳定现象即判定为不稳定的原则，依次类推，确定各区域的采空区稳定状态。

表 6-1 按终采时间确定采空区场地稳定性等级

稳定等级	终采时间 t/a		
	软弱覆岩	较硬覆岩	坚硬覆岩
稳定	$t>1$	$t>2.5$	$t>4$
基本稳定	$0.6<t\leqslant 1$	$1.5<t\leqslant 2.5$	$2.5<t\leqslant 4$
不稳定	$t\leqslant 0.6$	$t\leqslant 1.5$	$t\leqslant 2.5$

6.1.2 按地表移动特征确定采空区场地稳定性等级

按地表移动特征确定采空区场地稳定性等级的评价指标见表 6-2。根据区域实测资料，当地表水平变形达到 4～6 mm/m 时，地表会出现裂缝；达到 8～12 mm/m 时，地表会出现台阶状的破坏。根据 4.3 节得到的各矿各开采阶段对应的地表移动变形计算参数，计算得到评价区域的地表变形值，采用表 6-2 中的评价标准，对各矿采空区场地按变形特征的稳定性进行评价。

表 6-2　按变形特征确定采空区场地稳定性等级

评价因子	稳定等级		
	不稳定	基本稳定	稳定
地表移动变形特征	非连续变形	连续变形	连续变形
		盆地边缘区	盆地中间区
	地面有塌陷坑、台阶	地面倾斜、有地裂缝	地面无地裂缝、台阶、塌陷坑

6.1.3　按顶板岩性及松散层厚度确定浅层采空区场地稳定性等级

按顶板岩性及松散层厚度确定浅层采空区场地稳定性等级的评价指标见表 6-3。从岩层柱状可知，城市规划区各开采区域顶板均存在≥15.0 m 的厚层状坚硬岩层，且松散层厚度大于 30 m，均满足稳定的条件。

表 6-3　按顶板岩性及松散层厚度确定浅层采空区场地稳定性等级

评价因子	稳定等级		
	不稳定	基本稳定	稳定
顶板岩性	无坚硬岩层分布或为薄层或软硬岩层互层状分布	有厚层状坚硬岩层分布且 5.0 m＜层厚＜15.0 m	有厚层状坚硬岩层分布且层厚≥15.0 m
松散层厚度 h/m	$h \leqslant 5$	$5 < h \leqslant 30$	$h > 30$

6.1.4　按煤(岩)柱安全稳定性系数确定场地稳定性等级

由于评价区存在条带开采煤柱，根据《煤矿采空区岩土工程勘察规范》中煤柱安全稳定性系数对场地稳定性的判定标准见表 6-4。

表 6-4　按煤(岩)柱安全稳定性系数确定场地稳定性等级

稳定状态	不稳定	基本稳定	稳定
煤(岩)柱安全稳定性系数 K_P	$K_P \leqslant 1.2$	$1.2 < K_P \leqslant 2$	$K_P > 2$

煤柱的极限荷载值 $P_{极}$ 可用下列公式计算。

矩形煤柱：

$$P_{极} = 40\gamma H[ad - 4.92(a+d)mH \times 10^{-3} + 32.28m^2H^2 \times 10^{-3}] \tag{6-1}$$

长煤柱：

$$P_{极,长} = 40\gamma H(a - 4.92mH \times 10^{-3}) \tag{6-2}$$

保留煤柱实际承受的荷载值 $P_{实}$ 可用下列公式计算：

矩形煤柱：

$$P_{实,矩} = 10\gamma d\left[Ha + \frac{b}{2}\left(2H - \frac{b}{0.6}\right)\right] \tag{6-3}$$

长煤柱：

$$P_{实,长}=10\gamma\left[Ha+\frac{b}{2}\left(2H-\frac{b}{0.6}\right)\right] \tag{6-4}$$

$$K_{P}=\frac{P_{极}}{P_{实}} \tag{6-5}$$

式中，a 为保留煤柱的宽度；b 为采空区采出宽度；d 为保留的矩形煤柱长度；γ 为重度；H 为平均开采深度；m 为开采厚度。

采用上述计算方法，结合各矿各煤层煤柱的情况，计算各矿煤柱区域按煤(岩)柱安全稳定性系数，确定场地稳定性等级。

6.1.5　按地表移动变形值确定场地稳定性等级

地表剩余变形量是影响采空区场地稳定性的另一项重要指标。

根据第 3.2 节确定的各矿不同开采沉陷阶段的计算方法和计算参数，预估采空区地表剩余变形量，采用地表移动变形判别法(表 6-5)对评价区内 2020 年年底各采空区稳定性进行半定量评价。

表 6-5　按地表移动变形值确定场地稳定性等级

稳定状态	评价因子				备注
	下沉速率 V_m	倾斜 Δi /(mm·m^{-1})	曲率 ΔK /(×10^{-3}m)	水平变形 $\Delta\varepsilon$ /(mm·m^{-1})	
稳定	小于 1.0 mm/d，且连续 6 个月累计下沉小于 30 mm	<3	<0.2	<2	同时具备
基本稳定	小于 1.0 mm/d，且连续 6 个月累计下沉速度不小于 30 mm	3～10	0.2～0.6	2～6	具备其一
不稳定	速率不小于 1.0 mm/d	>10	>0.6	>6	具备其一

通过 3.1 节的观测、计算和分析得到了各矿适用的概率积分法计算参数，但近一年的实测数据未获取有效的老采空区残余变形规律。因此，在进行老采空区剩余变形量计算时，采用剩余极限变形的计算方法。即根据采空区所处的阶段，确定已产生的下沉系数，叠加根据垮落断裂带发育高度计算得到的残余碎胀系数，求解得到极限残余下沉系数，并进行残余变形计算。

6.2　采空区稳定性评价结果

6.2.1　采空区稳定性分指标评价

根据各矿提供的 2020 年年底的开采现状，采用上述评价指标开展济宁市城市规划区内煤炭采空区稳定性状态评价工作，各因子评价具体如下：

6.2.1.1　终采时间稳定性分析

城市规划区内 19 个煤矿在 2020 年年底的终采时间稳定性分区成果见表 6-6 和图 6-1、图 6-2。

表 6-6　2020 年终采时间稳定性评价成果表

序号	煤矿名称	稳定性等级		
		稳定/km²	基本稳定/km²	不稳定/km²
1	葛亭煤矿	4.14	1.82	3.68
2	运河煤矿	2.66	2.49	3.21
3	岱庄煤矿	22.07	0.24	1.50
4	何岗煤矿	1.40	1.40	1.87
5	许厂煤矿	13.40	0.72	1.13
6	唐口煤矿	3.27	4.95	25.81
7	新河煤矿	0.57	0	6.03
8	安居煤矿	0	2.25	10.45
9	济二煤矿	24.20	0	10.68
10	济三煤矿	6.94	0	6.88
11	单家村煤矿	0.18	0	0.09
12	古城煤矿	6.96	0	1.79
13	兴隆庄煤矿	0.21	0	0
14	杨庄煤矿	4.05	0	0
15	杨村煤矿	8.88	0.81	0
16	鲍店煤矿	1.03	0.55	0
17	田庄煤矿	15.49	0	0
18	横河煤矿	2.40	0.53	0
19	太平煤矿	1.97	0	0
小计		119.82	15.76	73.12
未影响区域		745.35	0	0
总计		865.17	15.76	73.12

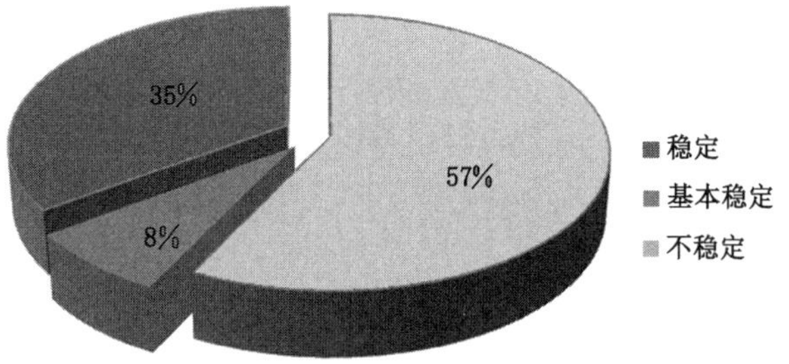

图 6-1　2020 年受开采影响区域终采时间稳定性等级比重图

从表 6-6 和图 6-1、图 6-2 中可以看出，截至 2020 年，仅考虑终采时间稳定性因子，城市规划区内未受开采影响区域的面积为 745.35 km²，受开采影响区域的面积为208.70 km²。其中，稳定区面积为 119.82 km²，基本稳定区面积约为 15.76 km²，稳定区和基本稳定区占受开采影响区面积的 65％；不稳定区面积为 73.12 km²，占受开采影响区面积的 35％。不稳定的区域多分布在规划区的西部和南部的区域内，以安居煤矿、唐口煤矿、济二煤矿、济三煤矿、葛亭煤矿、运河煤矿和新河煤矿为主。

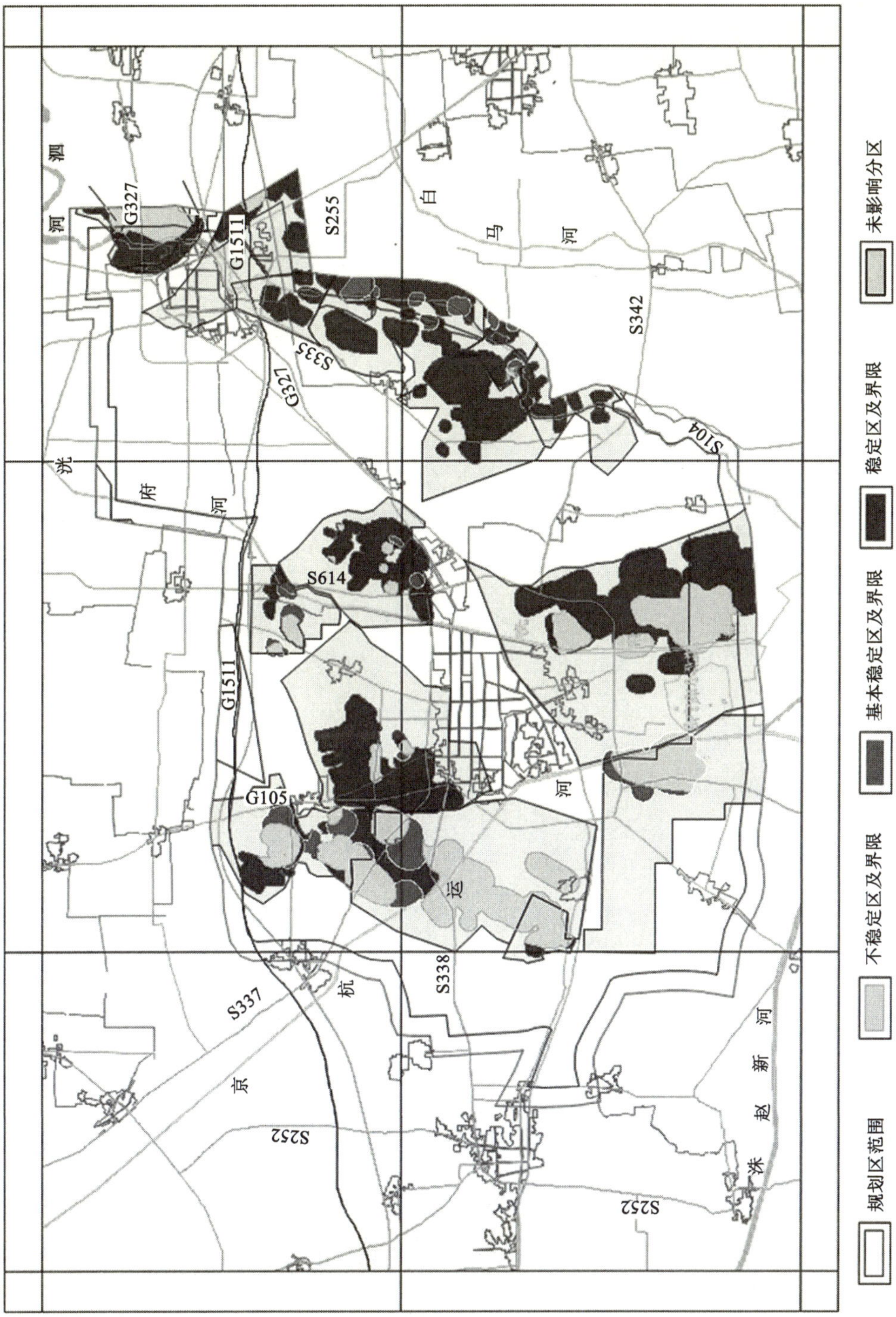

图 6-2 2020年终采时间稳定性分区

6.2.1.2 地表变形特征稳定性分析

城市规划区内19个煤矿在2020年年底的地表变形特征稳定性分区成果见表6-7和图6-3、图6-4。

表6-7 2020年地表变形特征稳定性评价结果

序号	煤矿名称	稳定性分区		
		稳定区面积/km²	基本稳定区面积/km²	不稳定区面积/km²
1	葛亭煤矿	3.03	2.52	2.03
2	运河煤矿	7.22	1.99	1.91
3	岱庄煤矿	20.76	2.96	0
4	何岗煤矿	2.58	2.03	0.07
5	许厂煤矿	6.87	5.17	3.05
6	唐口煤矿	26.71	0	0
7	新河煤矿	5.40	0.97	0.23
8	安居煤矿	10.87	0	0
9	济二煤矿	18.16	11.98	1.40
10	济三煤矿	6.47	6.29	0.87
11	单家村煤矿	0.10	0.05	0.15
12	古城煤矿	7.58	0.30	0
13	兴隆庄煤矿	0.15	0.06	0
14	杨庄煤矿	3.39	0.47	0.20
15	杨村煤矿	9.03	0.14	0.34
16	鲍店煤矿	0.38	0.37	1.13
17	田庄煤矿	15.14	0.12	0.23
18	横河煤矿	3.00	0	0
19	太平煤矿	1.12	0.44	0.46
小计		147.96	35.86	12.07
未影响区域		758.16	0	0
总计		906.12	35.86	12.07

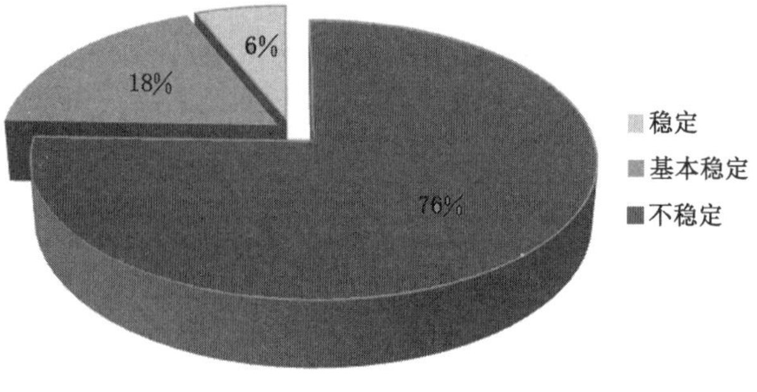

图6-3 2020年受开采影响区域地表变形特征稳定性等级比重图

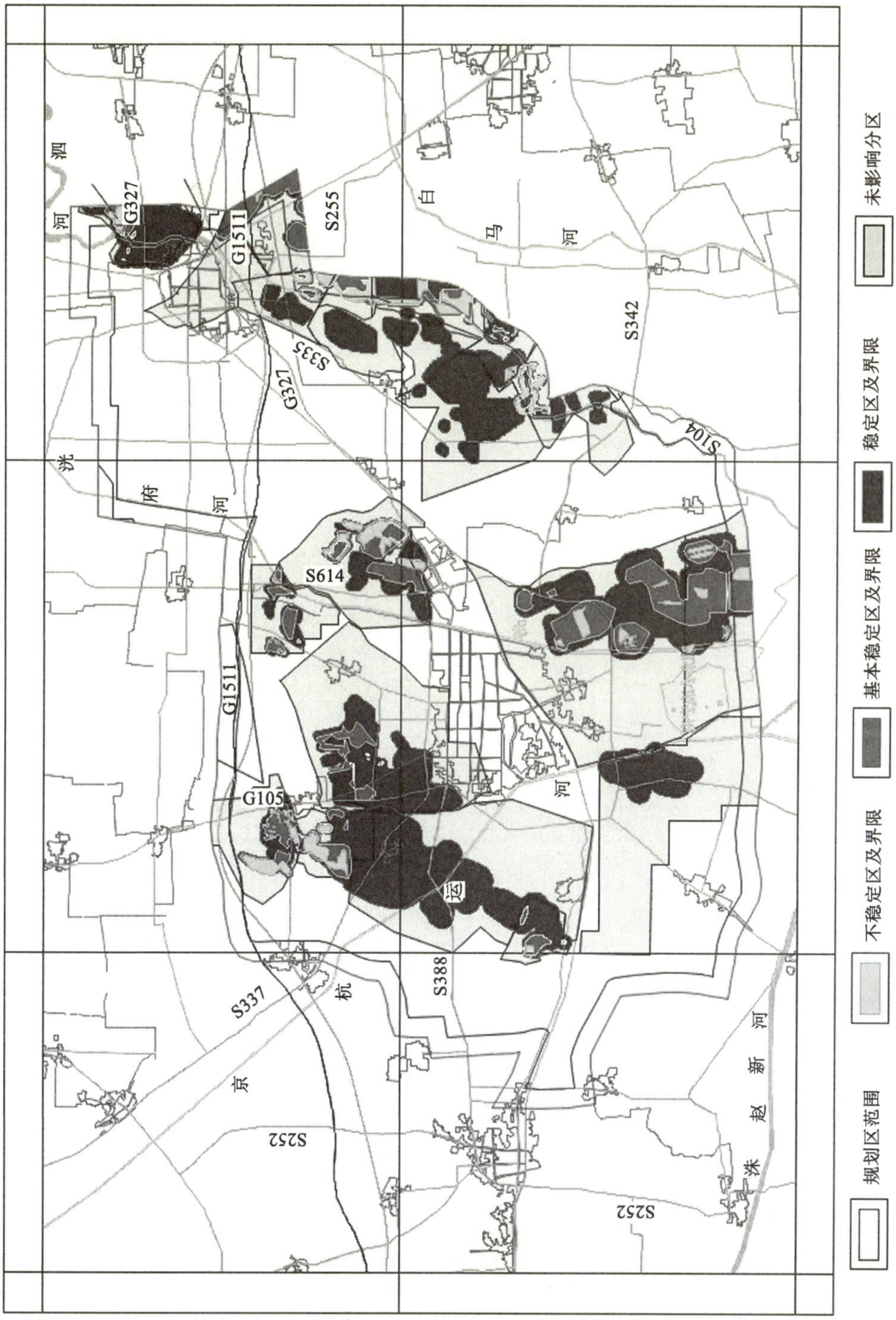

图 6-4 2020年地表变形特征稳定性分区图

从表 6-7 和图 6-3、图 6-4 中可以看出，截至 2020 年，仅考虑采空区地表变形特征稳定性因子，城市规划区内未受开采影响的面积为 758.16 km²，受开采影响区域的面积为 195.89 km²。其中，稳定区面积为 147.96 km²，基本稳定区面积为 35.86 km²，稳定区和基本稳定区占受开采影响区面积的 94%；不稳定区面积为 12.07 km²，占受开采影响区面积的 6%。不稳定区多零散地分布在许厂煤矿、运河煤矿、葛亭煤矿、济二煤矿和济三煤矿以及规划区东部边界区域。

6.2.1.3　按煤(岩)柱安全稳定性系数进行稳定性分析

2020 年年底的煤(岩)柱安全稳定性系数稳定性分区结果见表 6-8 和图 6-5、图 6-6。

表 6-8　2020 年煤(岩)柱安全稳定性系数稳定性评价结果

序号	煤矿名称	稳定性分区	
		稳定区面积/km²	基本稳定区面积/km²
1	葛亭煤矿	7.02	2.42
2	运河煤矿	9.16	0
3	岱庄煤矿	18.67	5.05
4	何岗煤矿	4.68	0
5	许厂煤矿	2.01	13.27
6	唐口煤矿	18.16	11.50
7	新河煤矿	5.19	0.37
8	安居煤矿	3.32	9.37
9	济二煤矿	34.23	0.65
10	济三煤矿	13.82	0
11	单家村煤矿	0.27	0
12	古城煤矿	3.27	5.48
13	兴隆庄煤矿	0.21	0
14	杨庄煤矿	4.05	0
15	杨村煤矿	9.69	0
16	鲍店煤矿	1.58	0
17	田庄煤矿	13.10	2.39
18	横河煤矿	2.91	0
19	太平煤矿	1.92	0.07
小计		153.26	50.57
未影响区域		750.22	0
总计		903.48	50.57

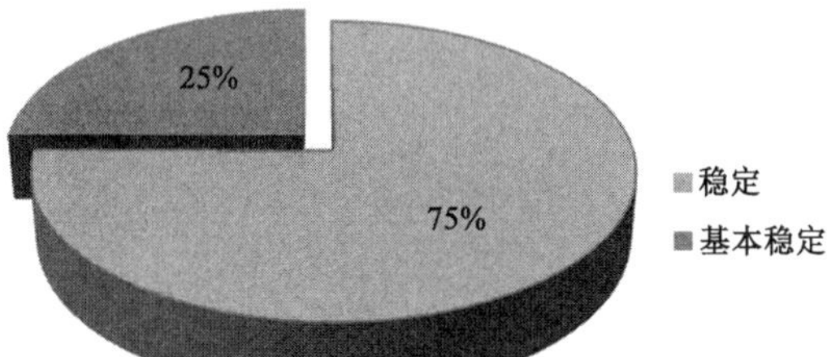

图 6-5　2020 年受开采影响区域煤(岩)柱安全稳定性系数稳定性等级比重图

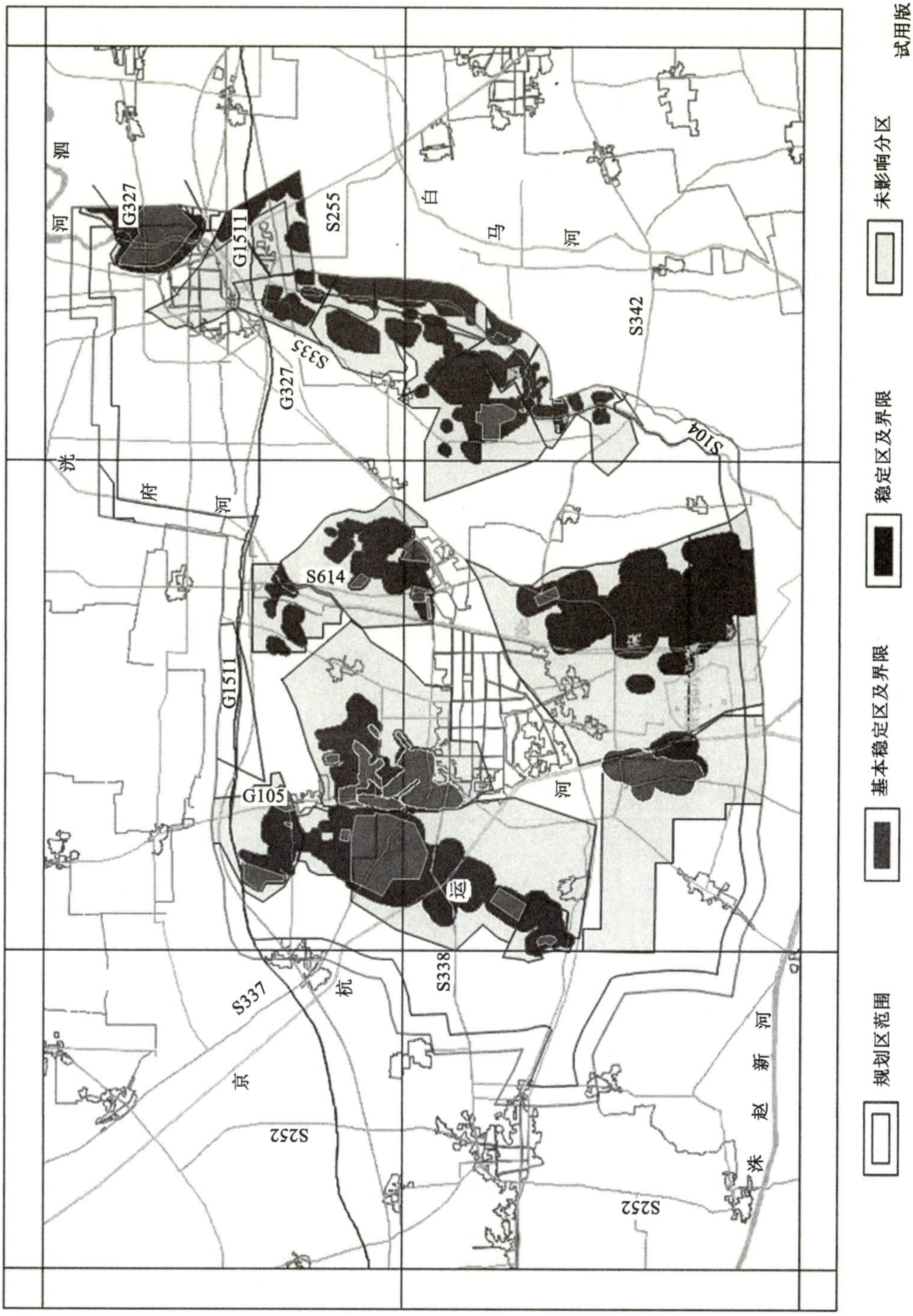

图 6-6 2020年煤（岩）柱安全稳定性系数稳定性分区图

试用版

从表 6-8 和图 6-5、图 6-6 中可以看出，截至 2020 年，仅考虑煤(岩)柱安全稳定性系数稳定性因子，城市规划区内未受开采影响区域面积为 750.22 km^2，受开采影响区域的面积为 203.83 km^2。其中，稳定区面积为 153.26 km^2，占受开采影响区面积的 75%；基本稳定区面积为 50.57 km^2，占受开采影响区面积的 25%；被影响区域均已稳定或基本稳定，基本稳定区主要为条带开采区域。

6.2.1.4 地表剩余移动变形值稳定性分析

城市规划区内 19 个煤矿在 2020 年年底的地表剩余移动变形值稳定性分区结果见表 6-9 和图 6-7、图 6-8。

表 6-9 2020 年地表剩余移动变形值稳定性评价结果

序号	煤矿名称	稳定性分区		
		稳定区面积/km^2	基本稳定区面积/km^2	不稳定区面积/km^2
1	葛亭煤矿	9.44	0	0
2	运河煤矿	10.79	0.28	0
3	岱庄煤矿	23.68	0	0
4	何岗煤矿	4.67	0.01	0
5	许厂煤矿	14.76	0.52	0
6	唐口煤矿	27.75	0	0
7	新河煤矿	5.54	0.01	0
8	安居煤矿	12.70	0	0
9	济二煤矿	32.35	0.33	0
10	济三煤矿	13.61	0.01	0
11	单家村煤矿	0.20	0.07	0
12	古城煤矿	8.75	0	0
13	兴隆庄煤矿	0.21	0	0
14	杨庄煤矿	3.91	0.14	0
15	杨村煤矿	9.49	0.12	0
16	鲍店煤矿	0.70	1.18	0.01
17	田庄煤矿	15.38	0.11	0
18	横河煤矿	2.92	0	0
19	太平煤矿	1.29	0.70	0.01
小计		198.14	3.48	0.01
未影响区域		752.42	0	0
总计		950.56	3.48	0.01

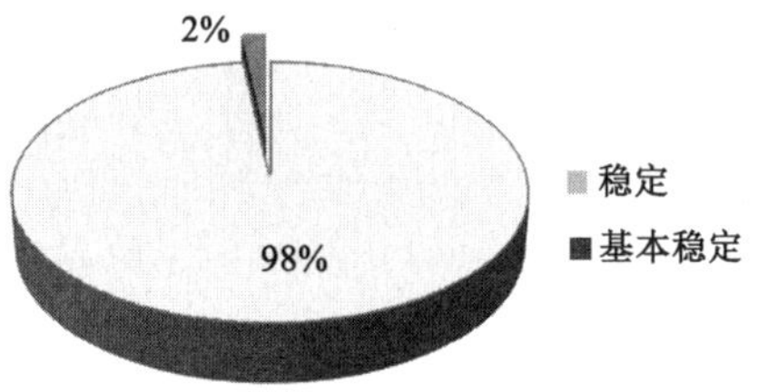

图 6-7 2020 年受开采影响区域地表剩余移动变形值稳定性等级比重图

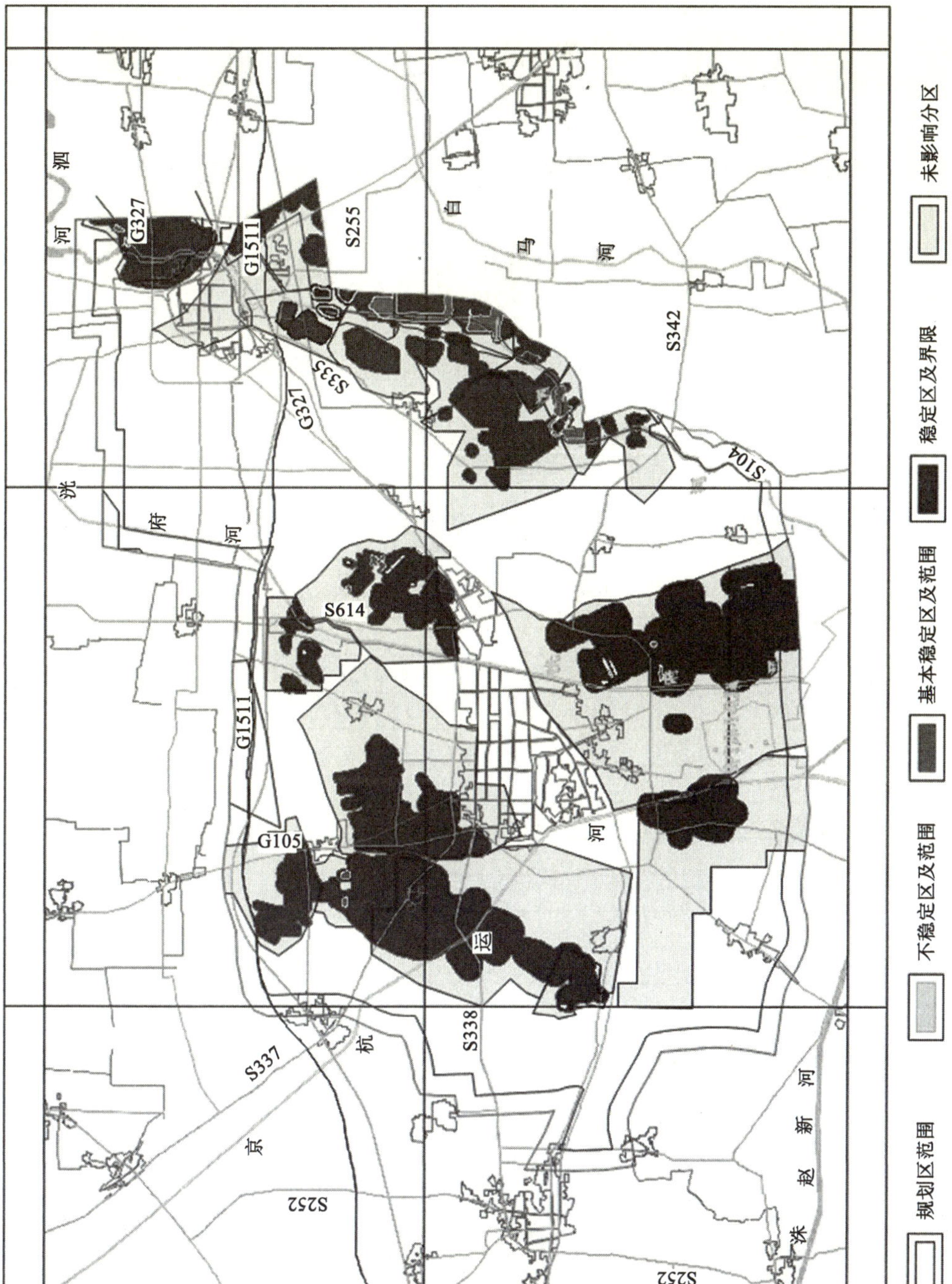

图 6-8 2020年地表剩余移动变形值稳定性分区图

从表 6-9 和图 6-7、图 6-8 中可以看出，截至 2020 年，仅考虑地表剩余移动变形值稳定性因子，城市规划区内未受开采影响面积为 752.42 km^2，受开采影响区域面积为 201.63 km^2。其中，稳定区面积为 198.14 km^2，占受开采影响区面积的 98%；基本稳定区面积为3.48 km^2，占受开采影响区面积的 2%；不稳定区面积仅 0.01 km^2，不足评价面积的 1%，零星分布在规划区东部边界区域。

6.2.2 采空区稳定性综合评价

通过对上述城市规划区内采空区稳定性各评价因子的叠加，汇总统计得到城市规划区 2020 年综合评价结果如图 6-9 所示，分类统计情况见表 6-10 和图 6-10。

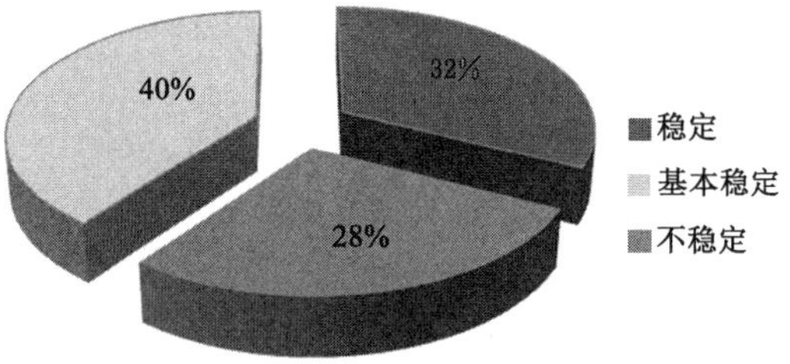

图 6-9　2020 年受开采影响区域稳定性综合评价等级比重图

表 6-10　2020 年稳定性综合评价等级汇总表

序号	煤矿名称	稳定性分区		
		稳定区面积/km^2	基本稳定区面积/km^2	不稳定区面积/km^2
1	葛亭煤矿	1.13	3.43	5.06
2	运河煤矿	1.12	3.19	4.05
3	岱庄煤矿	8.11	14.58	1.08
4	何岗煤矿	1.13	1.65	1.90
5	许厂煤矿	4.32	6.98	4.02
6	唐口煤矿	1.20	7.02	26.88
7	新河煤矿	0.31	0.05	5.18
8	安居煤矿	0	2.25	10.45
9	济二煤矿	15.61	7.06	12.31
10	济三煤矿	3.00	3.21	7.43
11	单家村煤矿	0.11	0.03	0.12
12	古城煤矿	2.93	3.98	1.84
13	兴隆庄煤矿	0.15	0.06	0
14	杨庄煤矿	3.39	0.47	0.20
15	杨村煤矿	8.79	0.65	0.35
16	鲍店煤矿	0.29	0.47	1.12
17	田庄煤矿	12.63	2.36	0
18	横河煤矿	2.40	0.52	0
19	太平煤矿	1.06	0.53	0.74
小计		67.68	58.49	82.73
未影响区域		745.14	0	0
总计		812.82	58.49	82.73

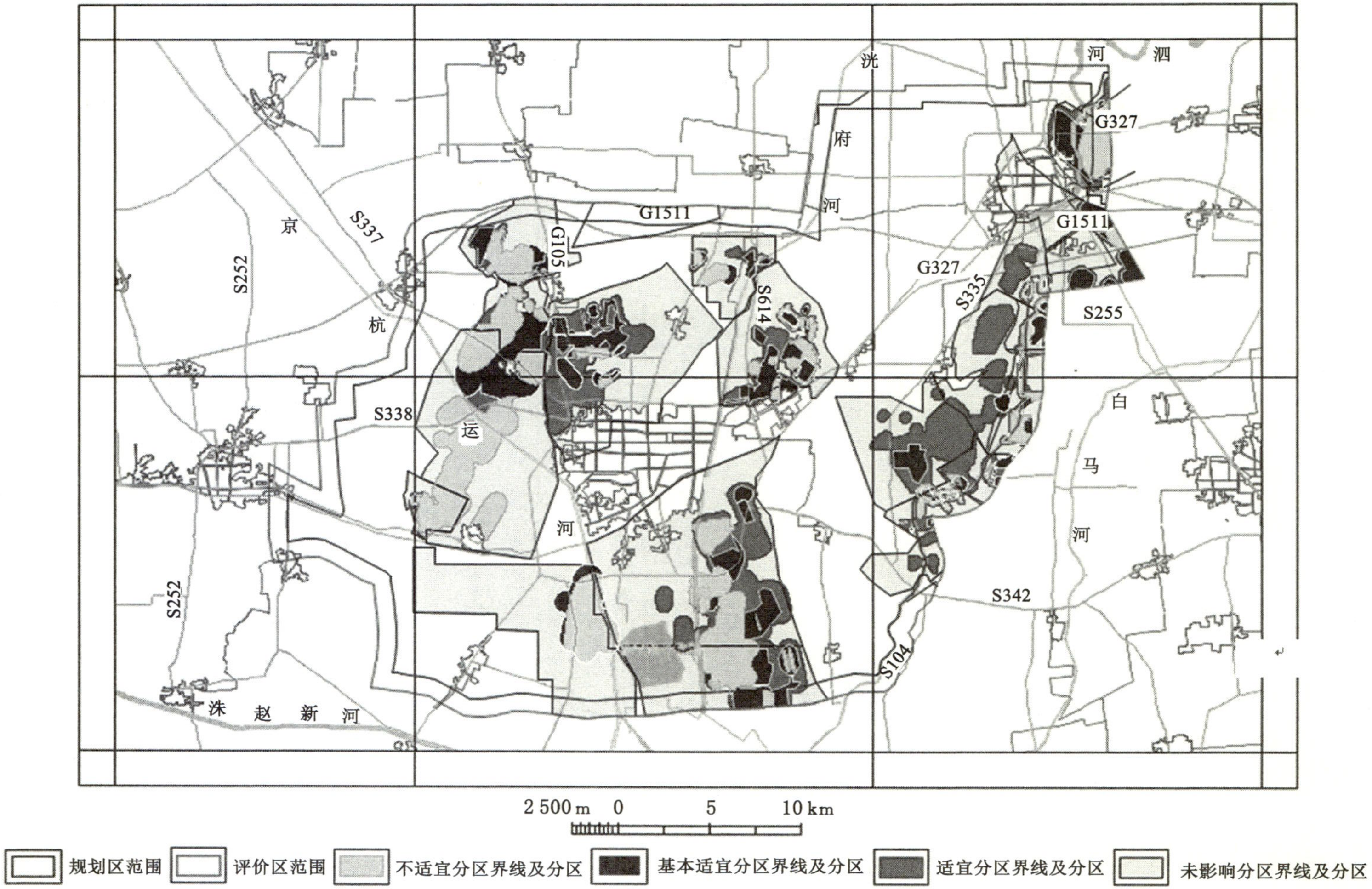

图 6-10 2020年稳定性评价分区图

从表 6-10 和图 6-9、图 6-10 中可以看出，至 2020 年，城市规划区内未受开采影响面积为 745.14 km^2，受开采影响区域的面积为 208.90 km^2。其中，稳定区面积为 67.68 km^2，占受开采影响区域面积的 32%；基本稳定区面积为 58.49 km^2，占受开采影响区域面积的 28%；不稳定区面积为 82.73 km^2，占受开采影响区域面积的 40%，主要分布在规划区的西部、南部以及东部的边界区域，以安居煤矿、唐口煤矿、济二煤矿、济三煤矿、葛亭煤矿和运河煤矿为主。

6.3 采空区工程建设适宜性评价指标

《煤矿采空区岩土工程勘察规范》规定根据采空区场地稳定性、地表变形特征及发展趋势、地表移动变形值、采深或采深采厚比、垮落断裂带的密实状态、活化影响因素，采用工程类比法、采空区特征判别法、活化影响因素分析法、地表剩余变形判别法等方法，开展适宜性评价工作。评价指标及分级情况见表 6-11～表 6-16。

表 6-11 采空区工程建设适宜性评价分级表

级别	分级说明
适宜	采空区垮落断裂带密实，对拟建工程影响小；工程建设对采空区稳定性影响小；采取一般工程防护措施（限于规划、建筑、结构措施）可以建设
基本适宜	采空区垮落断裂带基本密实，对拟建工程影响中等；工程建设对采空稳定性影响中等；采取规划、建筑、结构、地基处理等措施可以控制采空区剩余变形对拟建工程的影响，或虽需进行采空区地基处理，但处理难度小，且造价低
适宜性差	采空区垮落不充分，存在地面发生非连续变形的可能，工程建设对采空区稳定性影响大或者采空区剩余变形对拟建工程的影响大，需规划、建筑、结构、采空区治理和地基处理等的综合设计，处理难度大且造价高

表 6-12 按场地稳定性及工程重要性等级定性分析采空区对工程的影响程度

场地稳定性	影响稳定		
	重要拟建工程、变形要求高	一般拟建工程、变形要求一般	次要拟建工程、变形要求低
稳定	中等	中等～小	小
基本稳定	大～中等	中等	中等～小
不稳定	大	大～中等	中等

表 6-13 采用工程类比法定性分析采空区对工程的影响程度

影响程度	类比工程或场地的特征
大	地面、建(构)筑物开裂、塌陷，且处于发展、活跃阶段
中等	地面、建(构)筑物开裂、塌陷，但已经稳定 6 个月以上且不再发展
小	地面、建(构)筑物开裂或有开裂、塌陷，但已经稳定 2 年以上且不再发展；邻近同类型采空区场地有类似工程的成功经验

表 6-14 根据采空区特征及活化影响因素定性分析采空区对工程的影响

影响程度	采空区特征			活化影响因素	备注
	采空区采深 H/m	采空区的密实状态及充水状态	地表变形特征及发展趋势		
大	$H<50$ m 或 $H/M<30$	存在空洞，钻探过程中出现掉钻、孔口窜风	正在发生不连续变形，或现阶段相对稳定，但存在发生不连续变形的可能性大	活化的可能性大，影响强烈	具备其一
中等	50 m$\leqslant H\leqslant$200 m 或 $30\leqslant H/M\leqslant 80$	基本密实，钻探过程中采空区部位大量漏水	现阶段相对稳定，但存在发生不连续变形的可能性	活化的可能性中等，影响一般	具备其一
小	$H>200$ m 或 $H/M>80$	密实，钻探过程中不漏水、微量漏水但返水或间断返水	不再发生不连续变形	活化的可能性小，影响小	同时具备

表 6-15 根据采空区地表剩余变形值确定采空区对工程的影响程度

影响程度	地表剩余变形				备注
	下沉值 ΔW /mm	倾斜值 Δi /(mm·m^{-1})	水平变形值 $\Delta\varepsilon$ /(mm·m^{-1})	曲率值 ΔK/($\times10^{-3}$m)	
大	>200	>10	>6	>0.6	具备其一
中等	100～200	3～10	2～6	0.2～0.6	具备其一
小	<100	<3	<2	<0.2	同时具备

表 6-16 根据荷载临界影响深度定量评价工程建设对采空区稳定性影响程度的评价标准

评价因子影响程度	荷载临界影响深度 H_D 和采空区深度 H	附加应力影响深度 H_α 和垮落断裂带深度 H_{lf}
大	$H_D<H$	$H_{lf}<H_\alpha$
中等	$H_D\leqslant H\leqslant 1.5H_D$	$H_\alpha\leqslant H_{lf}<2.0H_\alpha$
小	$H>1.5H_D$	$H_{lf}\geqslant 2.0H_\alpha$

注：1. 采空区深度 H 指巷道（采空区）等的埋藏深度，对于条带式开采和穿巷开采指垮落拱顶的埋藏深度；

2. 垮落断裂带深度 H_{lf} 指采空区垮落断裂带的埋藏深度，H_{lf} = 采空区采深 H − 垮落带高度 H_m − 断裂带高度 H_{li}。

利用各采空区垮落断裂发育高度计算结果，与城市规划区内已施工钻孔和本次施工钻孔以及物探勘查成果确定的垮落断裂发育高度进行对比分析，优化本区垮落断裂带发育高度计算公式。采空区上覆岩层形成的垮落带和断裂带发育高度计算方法参照 5.3 节的计算结果。

6.4 采空区工程建设适宜性评价结果

6.4.1 采空区工程建设适宜性评价方法

根据《煤矿采空区岩土工程勘察规范》,采空区场地工程建设适宜性应根据采空区场地稳定性、采空区与拟建工程的相互影响程度,拟采取的抗采动影响技术措施的难易程度、工程造价等进行适宜性评价。因为本次评价针对城市规划区,均为拟建项目,拟采取的抗采动影响技术措施的难易程度、工程造价可不参与评价,故本次城市规划区适宜性评价只选取采空区场地稳定性、采空区对拟建工程的影响程度进行评价。

从 6.2 节中的评价指标可以看出,采空区工程建设适宜性评价可以认为是稳定性评价的延续。其中重点考虑了拟建建筑物的重要程度、场地稳定性、采空区活化的可能性、地表移动变形的剧烈程度、地面建筑物荷载的影响深度、地表剩余变形量等因素。《煤矿采空区岩土工程勘察规范》主要针对单个工程建设项目开展适宜性评价,在确定适宜性评价原则时,偏重于根据具体的处理措施来区分适宜性。本项目是针对城市规划区开展评价工作,评价范围较广,不确定因素众多,难以得出一个通用的适宜性评价方法。考虑到济宁市城市规划区近期规划情况,主要针对近期规划建设用地、发展备用地以及环城生态绿带中近期规划建设的少康湖、如意湖、马场湖和十里湖 4 个湿地公园开展适宜性评价工作。

另外,由于考虑因素众多,很难简单地得出一个通用的适宜、基本适宜和适宜性差的评价成果,仅能针对某种具体工况进行适宜性评价。本研究的适宜性评价前提如下。

(1) 拟建建筑物的重要程度

建筑物重要程度不同对采空区的影响主要体现在两方面:一是建筑物能容许多大的剩余变形量;二是建筑物荷载是否会引起采空区的活化。

建筑物容许剩余变形量按照表 6-15 的标准进行判断。

针对建筑荷载是否引起采空区活化的问题,考虑到城市规划区范围较大,不确定因素较多的情况。针对荷载临界影响深度对采空区稳定性影响程度的定量评价选取了普通多层建筑物进行评价。假设城市规划区建设层数最高为 7 层住宅楼,新建条形住宅楼按长 60 m、宽 10 m 为例进行计算,标准层高按 3 m 考虑,基底埋深为 3.0 m,建筑物的荷载为 18 kN/m^2(系单层建筑面积荷载大小),拟建层数考虑为 4、5、6、7 层 4 种情况。

假定整个建筑荷载作用在建筑平面大小的矩形基础上,按均布矩形荷载计算地基附加应力。竖向附加应力系数 k 可按照《工程地质手册》中给定参数取值。地基附加应力随深度增加而减小,而地基中自重应力随深度增加而增大。计算地基附加应力相当于地基自重应力 10%处深度,即为建筑荷载影响深度,计算见表 6-17。

需要说明的是,地基附加应力是从基础底面算起的,地基自重应力是从地面算起的,两者相差基础埋深 3.0 m,建筑物荷载影响深度也从地面算起。经计算,4、5、6、7 层住宅楼的荷载影响深度($H_{影}$)分别为 6 m、14 m、20 m、24 m。

垮落断裂带发育高度为:

$$H_{li}=\frac{100M}{0.94M+4.31}\pm 4.22 \tag{6-1}$$

表 6-17 住宅楼建筑物建筑荷载影响深度计算表

楼房层数		4 层	5 层	6 层	7 层	地基自重应力的 10%，$0.1\sigma_C$/(kN·m^{-2})
基底附加压力/(kN·m^{-2})		72	90	108	126	
基底下深度 Z (m) 处地基附加应力 σ_Z/(kN·m^{-2})	1	11.8	29.6	47.4	65.1	8
	2	11.7	29.2	47.7	64.2	10
	3	11.5	28.8	47.1	63.4	12
	10	10.5	27.2	41.9	57.6	26
	11	10.4	25.9	41.4	57.9	28
	16	9.6	24.0	38.4	52.8	38
	17	9.4	23.4	37.4	51.5	40
	20	8.6	21.6	34.6	47.5	46
	21	8.4	21.0	33.6	47.2	48.2
影响深度/m		6	14	20	24	

按照城市规划区最大采厚 10 m，公式(6-1)中“4.22”前取“+”号进行计算，则：

$$H_{li}=\frac{100M}{0.94M+4.31}\pm 4.22=\frac{100\times 10}{0.94\times 10+4.31}+4.22\approx 77.2\ (\mathrm{m}) \qquad (6\text{-}2)$$

评价标准见表 6-16。如果满足影响程度小，则采空区深度应大于 1.5×24=36 m；垮落断裂带深度应大于 2×24=48 m。即煤层埋深应大于 48+77.2=125.2 m。

由上述计算结果可知，建筑物荷载对济宁市城市规划区所有煤层的老采空区的扰动程度满足影响程度小的条件。

(2) 土地工程建设利用可能性

除地面建筑物荷载在各种条件下能承受的临界变形值外，制约采煤塌陷地工程建设利用的还有一些其他因素。本研究中主要考虑积水的影响。

由于济宁市城市规划区部分区域为高潜水位区域，采煤沉陷区会出现大面积的积水，在积水区内进行工程建设是不切合实际的。因此，根据第 5 章得出的采煤塌陷现状，结合现场实地调查结果，确定城市规划区的积水区，将积水区划定为工程建设利用适宜性差的区域。

在确定积水区时，根据收集到的区域多年水文地质资料，选用近些年最高水位 2010 年丰水期水位为准，确定各矿范围内对应的地下水水位埋深(表 6-18)。当沉陷值超过该处地下水水位埋深时，则判定为区域为积水区，工程建设利用适宜性差。

表 6-18 济宁城市规划区各矿积水时的下沉量

煤矿名称	地下水水位埋深/m	煤矿名称	地下水水位埋深/m	煤矿名称	地下水水位埋深/m
葛亭煤矿	6	许厂煤矿	8	鲍店煤矿	4
运河煤矿	6	济二煤矿	4	田庄煤矿	6
唐口煤矿	4	济三煤矿	2	杨村煤矿	6
新河煤矿	4	安居煤矿	2	杨庄煤矿	6
鲁西煤矿	8	里彦煤矿	4	兴隆庄煤矿	6
岱庄煤矿	6	太平煤矿	4	古城煤矿	6
何岗煤矿	10	横河煤矿	4	单家村煤矿	4

根据稳定性评价成果图可知，部分区域由于煤炭资源的开采较为分散，导致稳定性分区较为零散，若完全在稳定性评价成果的基础上开展适宜性评价工作，不利于开展大面积的适宜性评价工作，更不利于规划建设用地的调整，因此，在综合利用上述 6 个指标的基础上，对适宜性评价图进行了归一化处理，遵循如下原则：

① 有一个及一个以上因子评价结果为“适宜性差”，则该区域评价结果为“适宜性差”；

② 所有因子评价结果均为“适宜”，则该区域评价结果为“适宜”；

③ 除上述两种情况外，其余区域评价结果为“基本适宜”；

④ 归一化处理时按照“就低不就高”的原则。

采用上述评价指标、评价方法和评价原则，分别对济宁市城市规划区各矿井采空区 2020 年规划建设用地、发展备用地以及少康湖、如意湖、马场湖和十里湖 4 个湿地公园开展适宜性评价工作。

6.4.2 采空区工程建设适宜性评价结果

（1）城市规划区整体适宜性评价分析

2020 年评价区适宜性评价结果见图 6-11，各区域分类统计情况见表 6-19 和图 6-12。

表 6-19 2020 年适宜性等级汇总表

序号	煤矿名称	适宜性分区			
		未影响区域面积/km^2	适宜区面积/km^2	基本适宜区面积/km^2	不适宜区面积/km^2
1	葛亭煤矿	11.05	1.24	3.5	4.89
2	运河煤矿	2.95	1.02	3.29	4.03
3	岱庄煤矿	41.95	8.88	14.15	1.49
4	何岗煤矿	10.19	1.13	1.65	1.9
5	许厂煤矿	19.92	4.6	6.71	4.01
6	唐口煤矿	38.26	4.49	3.63	26.99
7	新河煤矿	2.19	0.34	0.05	5.18
8	安居煤矿	45.42	0	2.25	10.45
9	济二煤矿	51.34	15.33	5.84	13.71
10	济三煤矿	17.81	3.39	1.03	12.74
11	单家村煤矿	0.59	0.41	0.14	0.97
12	古城煤矿	0.34	3.25	3.98	5.19
13	兴隆庄煤矿	22.5	2.73	0	2.98
14	杨庄煤矿	7.25	4.5	0.44	0.95
15	杨村煤矿	14.28	8.85	1.69	0.98
16	鲍店煤矿	3.2	0.84	0	6
17	田庄煤矿	17.63	12.82	2.36	0
18	横河煤矿	2.65	3.48	1.26	0
19	太平煤矿	11.04	3.25	0.32	2.36
小计		320.56	80.55	52.29	104.82
总计		558.22			

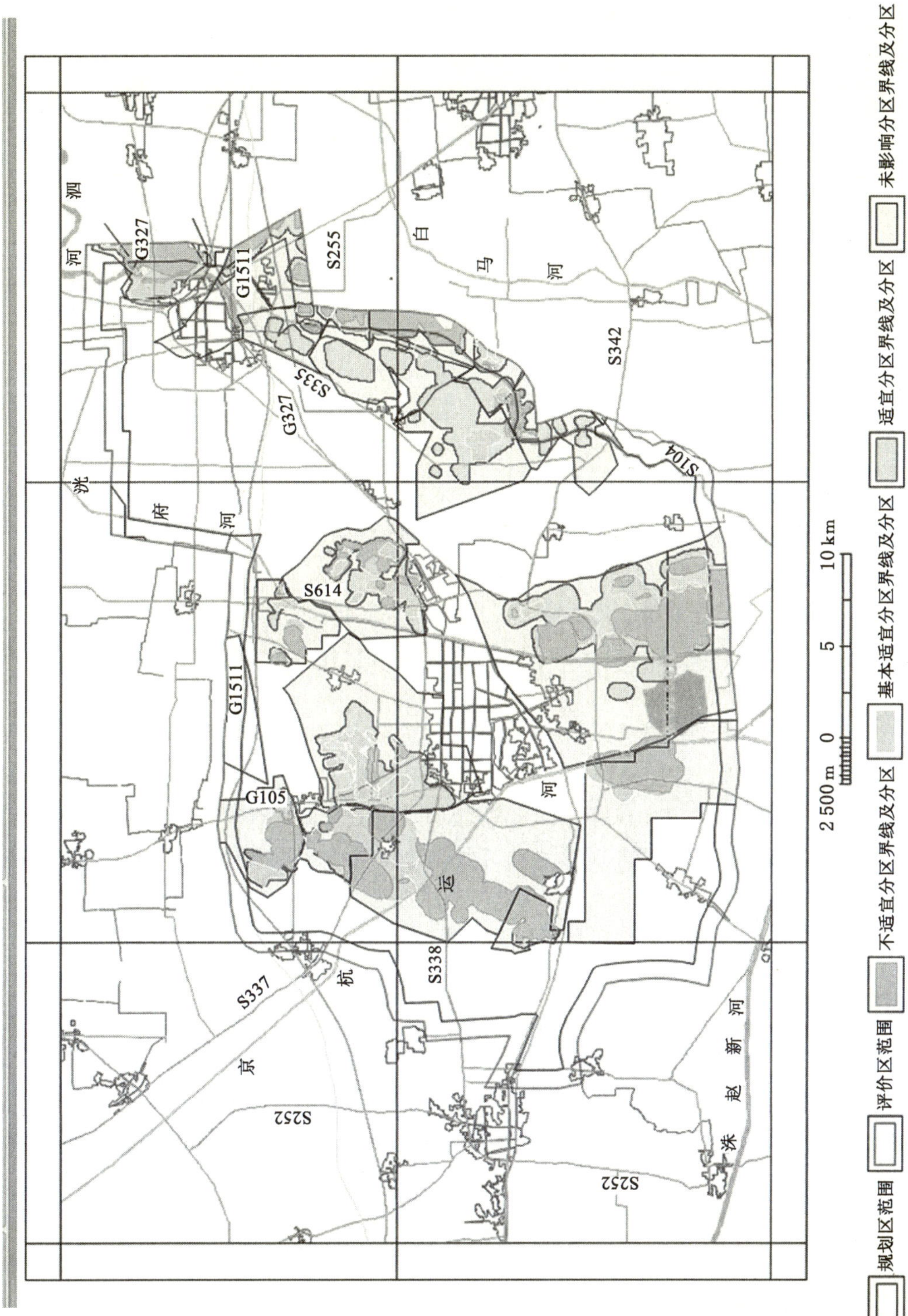

图 6-11 2020年适宜性分区图

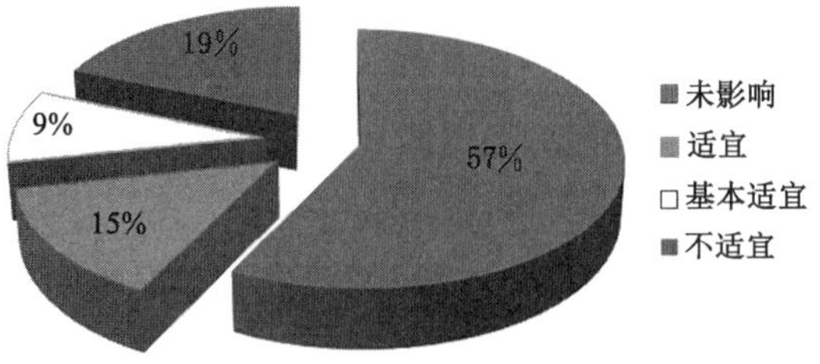

图 6-12　2020 年适宜性等级比重图

从图 6-11、图 6-12 和表 6-19 可以看出，至 2020 年年底，未受煤炭资源开采影响面积为 320.56 km^2，占评价面积的 57%。在受影响区域中，适宜区面积为 80.55 km^2，占评价面积的 15%；基本适宜区面积为 52.29 km^2，占评价面积的 9%；不适宜区面积为 104.82 km^2，占评价面积的 19%。整体上适宜性分布范围及占比与稳定性综合评价基本相符，但部分区域也存在一定差别，在地下水水位埋深较浅且预测下沉较大的区域，地表将形成塌陷积水，其工程建设适宜性差，如运河煤矿、安居煤矿、济二煤矿、济三煤矿、太平煤矿、鲍店煤矿、兴隆庄煤矿和单家村煤矿。

(2) 规划建设用地适宜性评价分析

根据城市规划近期规划建设用地情况，提取城市规划建设用地和发展备用地范围界限，结合评价区整体适宜性评价成果，开展了 2020 年规划建设用地适宜性评价工作，其成果详见图 6-13。

2020 年建设用地规划在制定时充分考虑了煤炭资源开采的影响，在规划建设用地时对煤炭资源开采影响区域进行了规避。由表 6-20 可知，至 2020 年，有8.18 km^2 的规划建设用地处于煤炭资源开采影响之内，其中仅有 11%的规划建设用地处于适宜性差区，89%的规划建设用地处于适宜区和基本适宜区(图 6-14)。将近期规划建设用地与 2020 年稳定性单因子分区图进行叠加分析可知，基本适宜区主控因子为煤(岩)柱安全稳定性系数，适宜性差区主控因子为终采时间，且部分适宜性差区处于条带式开采区域，规划建设时需关注煤柱稳定性。

(3) 湿地公园适宜性评价分析

① 马场湖生态湿地公园适宜性预测评价及分析

由马场湖生态湿地公园规划建设图与适宜性评价分区图叠加可知(图 6-15)，受唐口煤矿和新河煤矿工作面开采的影响。至 2020 年，马场湖生态湿地公园 14.86 km^2 处于适宜性差区内，该区沉降 2～5 m。与 2020 年采空区各因子稳定性分区图进行叠加分析可知，基本适宜区主控因子为地表变形特征和煤(岩)柱安全稳定性系数，拟建的农业休闲观光村区域曾出现过明显的非连续沉陷，建设时应处理好地表及浅层地基裂缝，农业休闲观光村和水镇广场区域处于条带开采基本稳定区，建设时需关注煤(岩)柱稳定性；受近期工作面开采地表未稳沉的影响，适宜性差区主控因子为终采时间，规划建设的主入口服务区、运河水镇、生态公园、接待中心、农业休闲观光村、养生馆、西苇渔歌、游船码头和水镇广场部分区域位于适宜性差区域。

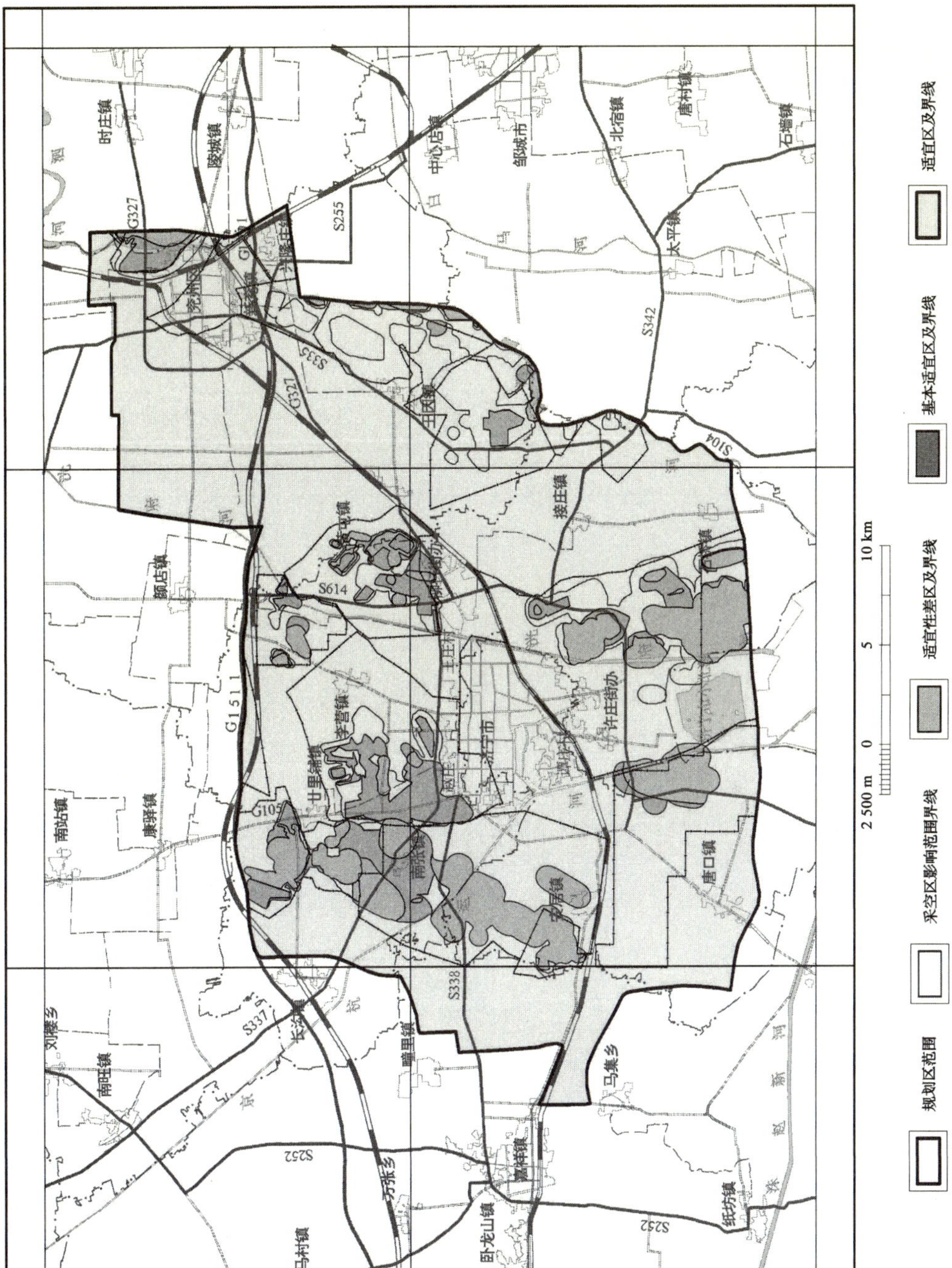

图 6-13 2020 年规划建设用地适宜性评价示意图

表 6-20　2020 年近期规划建设用地适宜性评价等级汇总表

适宜性	编号	面积/km^2	分区因子
适宜	Ⅰ1	0.4	影响范围
	Ⅰ2	0.23	影响范围
	Ⅰ3	0.77	影响范围
	Ⅰ4	0.25	影响范围
	Ⅰ5	0.49	影响范围
	Ⅰ6	0.33	影响范围
	Ⅰ7	0.17	影响范围
	Ⅰ8	0.11	影响范围
	Ⅰ9	0.98	影响范围
基本适宜	Ⅱ1	0.6	煤(岩)柱安全稳定性系数
	Ⅱ2	0.06	煤(岩)柱安全稳定性系数
	Ⅱ3	1.49	煤(岩)柱安全稳定性系数
	Ⅱ4	0.09	终采时间、煤(岩)柱安全稳定性系数
	Ⅱ5	0.15	煤(岩)柱安全稳定性系数
	Ⅱ6	1.17	煤(岩)柱安全稳定性系数
适宜性差	Ⅲ1	0.17	终采时间、煤(岩)柱安全稳定性系数
	Ⅲ2	0.37	终采时间、煤(岩)柱安全稳定性系数
	Ⅲ3	0.13	终采时间
	Ⅲ4	0.14	终采时间
	Ⅲ5	0.08	终采时间
总计		8.18	

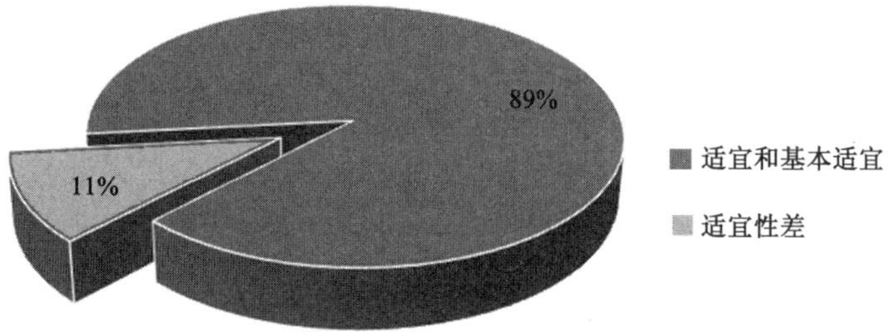

图 6-14　2020 年近期规划建设用地适宜性评价等级比重图

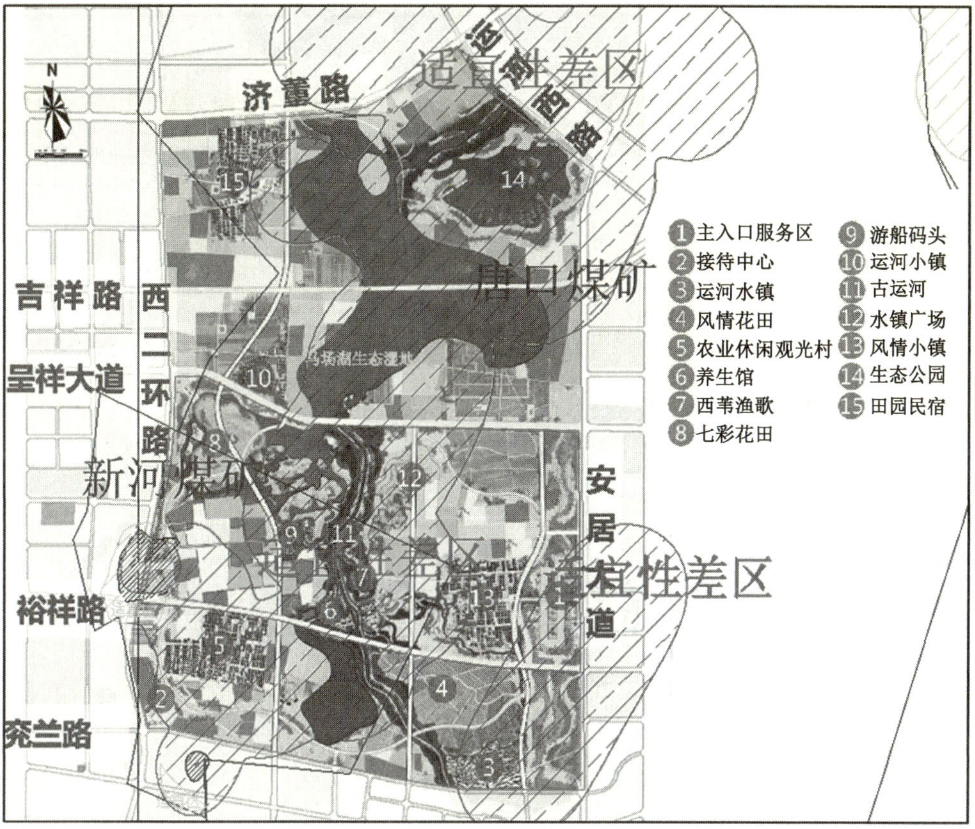

图 6-15　2020 年马场湖生态湿地公园适宜性评价图

② 十里湖生态湿地公园适宜性预测评价及分析

由十里湖生态湿地公园规划建设图与适宜性评价分区图叠加可知(图 6-16)，至 2020 年，十里湖生态湿地公园 4.62 km^2 处于适宜性差区内，该区沉降 2～6 m。与 2020 年采空区各因子稳定性分区图进行叠加分析可知，拟建的新竹书院和综合服务中心部分区域因终采时间较短，仍未达到稳定状态；拟建的水岸塔影和花田水吧区域曾出现过明显的非连续沉陷，在建设时应处理好地表及浅层地基裂缝；主入口服务区、音乐厅和咏梅园区域处于条带开采基本稳定区，需关注煤柱稳定性。除新竹书院、综合服务中心、水岸塔影区域处于适宜性差区外，其余拟建建(构)筑物均处于适宜或基本适宜区。另外，水岸塔影处需采取必要的措施消除积水的影响。

③ 如意湖生态湿地公园适宜性预测评价及分析

由如意湖生态湿地公园规划建设图与适宜性评价分区图叠加可知(图 6-17)，截至 2020 年年底，如意湖生态湿地公园 3.77 km^2 处于适宜性差区内，基本适宜区面积为 3.99 km^2，基本适宜和适宜性差区地表沉降约 1～5.5 m。与 2020 年采空区各因子稳定性分区图进行叠加分析可知，仅音乐草坪区因终采时间较短仍未达到稳定状态，处于基

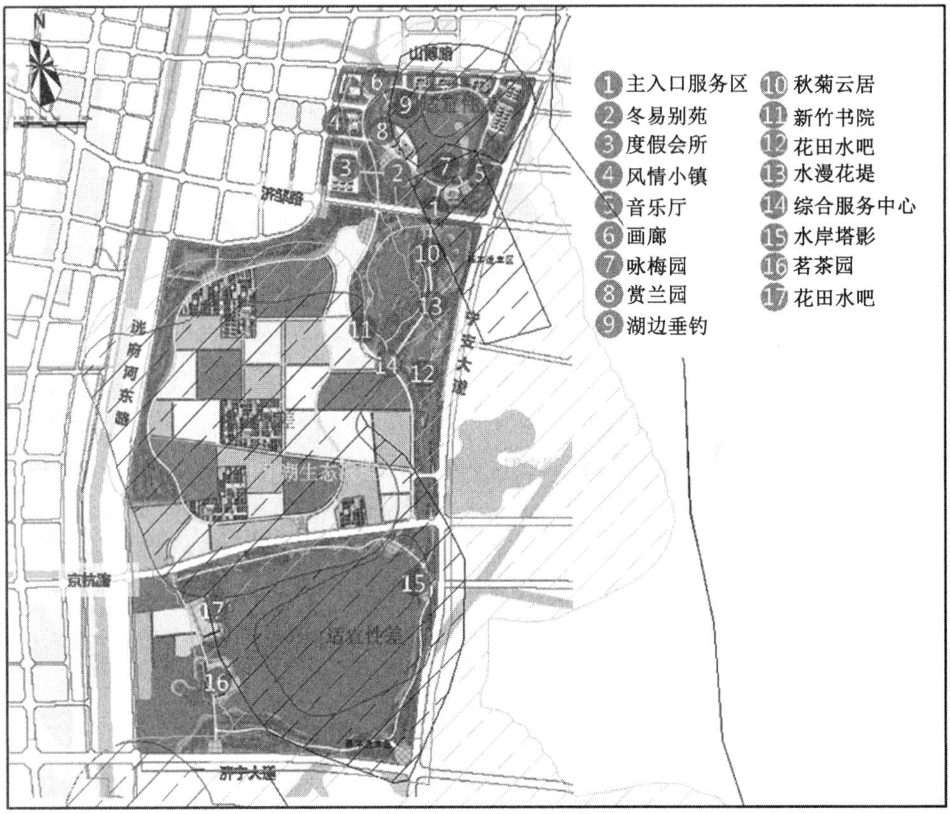

图 6-16　2020 年十里湖生态湿地公园适宜性评价图

本稳定状态；拟建的游客服务中心、湿地科普点、杨家河、林荫剧场、驿站广场和如意度假区域曾出现过明显的非连续沉陷，在建设时应处理好地表及浅层地基裂缝；游客服务中心、运动草坪和水体净化漂浮岛群区域处于条带开采基本稳定区，需关注煤（岩）柱稳定性。在进行建设利用时，应针对性地处理好浅层地基中的裂缝等不稳定因素，以保证建筑物的安全使用。

④ 少康湖生态湿地公园适宜性预测评价及分析

由少康湖生态湿地公园规划建设图与适宜性评价分区图叠加可知（图 6-18），至 2020 年，少康湖生态湿地公园仅规划建设区域的南部边界区域处于适宜性差区，其余区域均已适宜或基本适宜；中北部部分区域曾出现过明显的非连续沉陷，在建设时应处理好地表及浅层地基裂缝；西部和南部部分区域处于条带开采基本适宜区，建设时需关注煤柱稳定性。拟建区域南部边界区域仍未稳沉，其余区域均为基本稳定或稳定，建设利用为适宜和基本适宜。

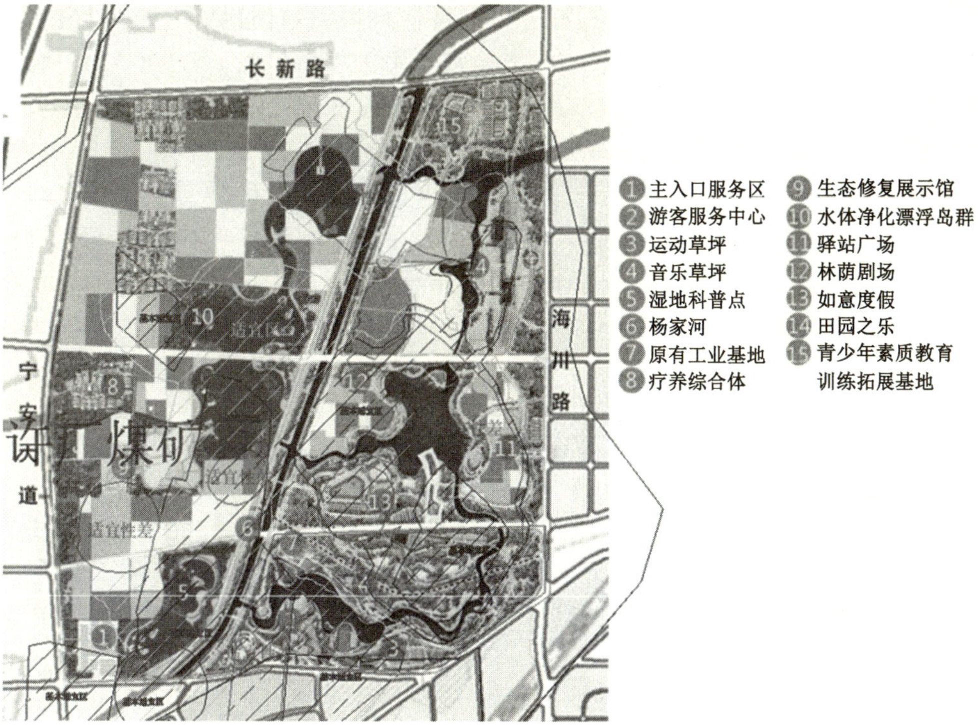

图 6-17　2020 年如意湖生态湿地公园适宜性评价图

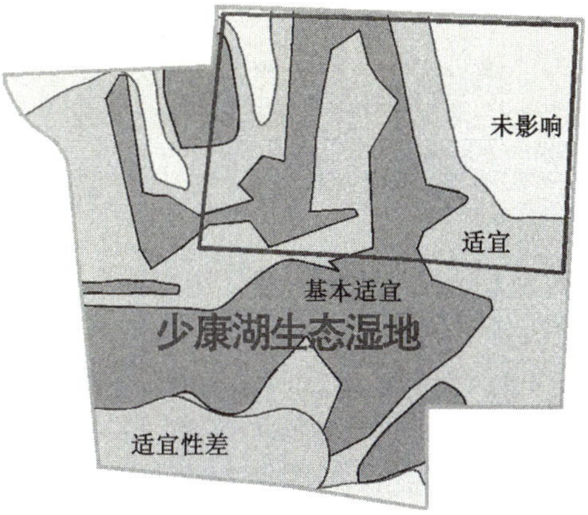

图 6-18　2020 年少康湖生态湿地公园适宜性评价图

7 防治工程技术措施

7.1 预防措施

7.1.1 已有建(构)筑物分布区域的预防措施

由于已有建(构)筑物域分布区域压煤量大，随着资源紧缺程度的不断加剧，压煤开采势在必行，因此，为防患于未然，必须作好以下预防工作。

(1) 各煤矿企业应按照《建筑物、水体、铁路及主要井巷煤柱留设与压煤开采规范》的相关留设保护煤柱。

(2) 各煤矿企业在压煤开采时应严格执行相应的审查、批准及备案制度，严格按照压煤开采的批准权限进行开采。

(3) 在建(构)筑物下采煤时，应根据地质及开采技术条件的不同，分别采取相应的技术措施，以确保地表变形值在建(构)筑物允许地表变形范围内。如充填法(水力充填、风力充填、自溜充填等)、离层注浆法等。

(4) 各煤矿企业合理布置采区边界和煤层开采顺序，正确安排工作面推进方向，减少地表移动变形叠加对建筑物的破坏。

(5) 根据《财政部、国土资源部、环境保护部关于取消矿山地质环境治理恢复保证金建立矿山地质环境治理恢复基金的指导意见》有关规定，采矿权人对矿山地质环境进行监测，并将监测结果和分析报告定期上报市国土资源主管部门。监测内容包括重要建(构)筑物变形情况巡查、地表移动变形监测等。

7.1.2 规划建设用地和发展备用地预防措施

根据本次工作现状及预测成果，针对规划建设用地和发展备用地提出预防措施如下：

由 6.4 节适宜性评价及分析成果可知，导致规划建设用地和发展备用地适宜性差区的影响因子为终采时间较短，地表未达到稳沉状态，因此，适宜性差区内规划建设用地和发展备用地可采用缓建的方法，待地表稳沉后再建设。

结合规划区内建设用地计划，调整区内煤矿工作面接续计划，提前开采与规划建设用地或发展备用地范围重叠的工作面，使其影响范围地表早日达到稳沉状态。

根据规划区内建设项目的重要性和敏感性，针对规划区内重要敏感的建设用地或发展备用地开展压覆煤炭资源调查评价工作，划定保护煤柱范围。确保重要敏感项目的用地范围处于煤炭资源开采影响之外或稳定区内。

调整规划建设用地或发展备用地位置，把近期处于适宜性差的规划建设用地调整至适宜或未影响区域内。

7.2 防治措施

本次工作主要从地面防治方面提出相应的防治措施，主要包括采空区上方建筑物优化布局和采用抗变形措施两个方面，详述如下。

7.2.1 建筑物优化布局

根据区内的地质采矿条件、可建范围和各建筑物的实际要求，进行采空区上方建筑物布局遵循以下原则：

(1) 如果规划建筑物为工业厂房，并且相互之间有联系，部分厂的产品会作为其他厂进行正常生产的原材料，在进行厂房布置时，除满足各厂房对方向、通风等情况的特殊要求外，同时应做到各厂区在正常运行时生产工艺的连续性，保证材料的运输、流转和产品运出的流畅性。

(2) 因地面上覆荷载所形成压力泡范围不大于基础宽度的2.5倍，布设在采空区外侧的建筑物尽量满足此距离条件，避免建筑物的加载对采空区形成直接扰动。

(3) 位于采空区煤柱内侧的建筑物受采空区的影响最为明显，引起采空区活化的可能性最大，在进行建筑物布局时尽可能避开采空区边缘内侧区域，布设在采空区外侧和采空区中央。

(4) 尽可能使各重要建筑物的主轴方向与老采空区走向或倾斜方向一致，或以较小夹角与其斜交。

(5) 各建筑物的平面形状力求简单，并易于分割成矩形单元，无论是纵向承重墙还是横向承重墙应与房屋的主轴对称，墙体在平面上不允许有较多的间断。窗洞和窗间墙应当尽可能等高、等宽，并沿墙体竖向均匀布置。

(6) 各重要建筑物根据其自身结构特点和抗变形要求尽可能地布置在地面变形对其不构成影响或影响较小的区域。

7.2.2 常用的建筑物抗变形措施

常用的地面抗变形措施如下。

7.2.2.1 变形缝

变形缝是设计采动区内抗变形建筑物时采用的基本措施之一，是使采动区建筑物免受损坏、经济而有效的方法。变形缝的设置位置、构造要求以及施工注意事项均和建筑物加固时一样，即必须自基础底至屋顶沿建筑物全高设置，以保证各单体彼此独立变位。

各单体的合理长度，主要决定于地表水平变形值和曲率变形值，此外尚应考虑地基性质及建筑物高度等因素。对于砖混结构的建筑物，一般情况下是根据预计的地表水平变形值，按表7-1确定建筑物各单体的长度。

表7-1 建筑物单体长度的确定

水平变形值 $\varepsilon/(\mathrm{mm\cdot m^{-1}})$	单体长度 l/m
≥6	<20
<6	20～25

变形缝(图7-1)宽度可按表7-2所列的数值确定。

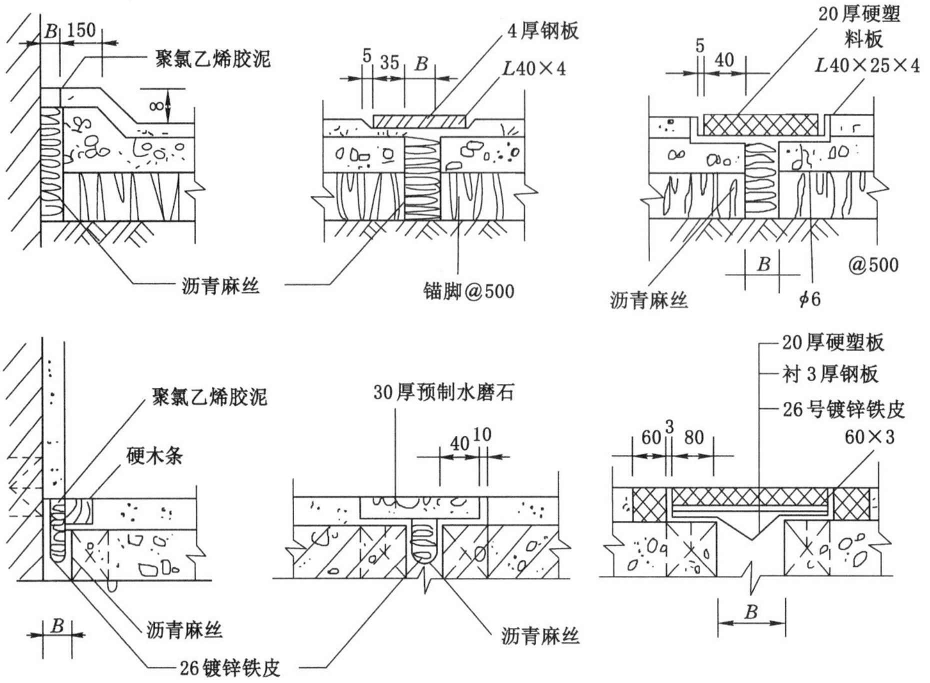

图 7-1　变形缝示意图

表 7-2　变形缝宽度表

建筑物层数	变形缝宽度/cm
2～3	5～8
4～5	8～12
5 层以上	不小于 12

7.2.2.2　圈梁

圈梁是为防止地基的不均匀沉降或较大振动荷载等对房屋造成不利影响，一般应在墙体中设置钢筋混凝土圈梁或钢筋砖圈梁，以增强砖石结构房屋的整体刚度。圈梁道数的设置应根据房屋的结构和构造情况确定。对空间较大的单层房屋，如车间、仓库、食堂，当墙厚等于或小于一砖，檐口标高为 5～8 m 时，应设置一道圈梁，当檐口标高大于 8 m 时，宜增设一道圈梁；对有电动桥式吊车或较大振动设备的单层工业厂房，除在檐口或窗顶设置钢筋混凝土圈梁外，宜在吊车梁标高处或墙中适当位置增设一道圈梁；对多层民用房屋，如宿舍、办公楼等，当墙厚等于或小于一砖，且层数不少于三层时，宜设一道圈梁，当超过四层时，可适当增设。圈梁应连续设置在墙的同一水平上，并尽可能地形成封闭圈并与横向墙柱适当连接，当圈梁为门窗洞口切断不能通过时，应在洞口上部砌体中设置一道附加圈梁。钢筋混凝土圈梁的宽度一般应与墙厚相同，当墙厚大于一砖时，圈梁不宜小于 2/3 墙厚，钢筋混凝土圈梁的高度应等于砌体每皮砖厚度的倍数。钢筋砖圈梁应采用不低于 50 号的砂浆砌筑，圈梁高度一般为 4～6 皮砖，分上下两层设置。钢筋混凝土圈梁一般采用现浇，但也可以采用预制装配现浇接头方式。

7.2.2.3　水平滑动层

为了减少地表水平变形作用于建筑物上部的附加应力，在基础圈梁与基础之间设置水平滑动层。滑动层的作用表现在它对抗变形结构构件的内力及墙壁应力的影响上，从理论上设置滑动层的建筑物水平变形与地表水平变形之间的关系如下：

$$\varepsilon_{建} = \alpha\varepsilon_{地} - \beta \tag{7-1}$$

式中，α、β 为常数；ε 为水平变形值；在水平滑动层设置适当的条件下，不论地表水平变形多大，建筑物水平变形都趋近于一个常数。

设置水平滑动层的做法是，在砖石基础顶部用 1∶3 水泥砂浆抹平压光，然后铺上两层油毡。为加强水平滑动层的效果，可在 2 层油毡之间及下层油毡与水泥砂浆找平层之间放置云母片或石墨，见图 7-2。

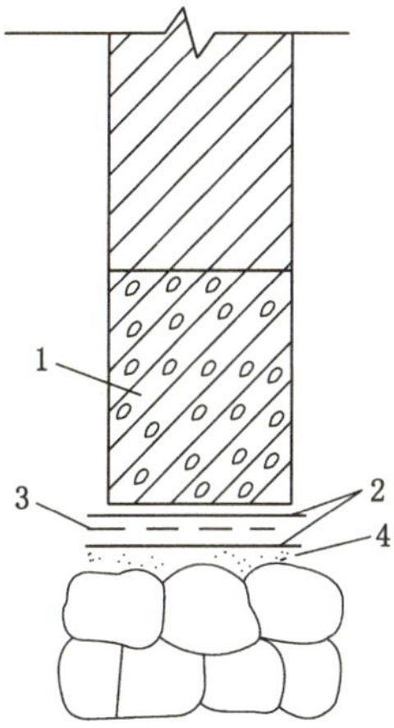

1—钢筋混凝土圈梁；2—油毡；3—云母片；4—水泥砂浆找平层。

图 7-2　水平滑动层

7.2.2.4　双板基础

当地表变形很大，尤其是地表扭曲和水平剪切变形很大，在建筑物带形基础上设置钢筋混凝土圈梁和水平滑动层仍不能有效抵抗地表变形引起的附加应力对建筑物的影响时，可采用双板基础，见图 7-3。

双板基础的结构是，首先在平整夯实的地基上铺设一层厚度为 20 cm 以上的底部砂层，在底部砂层上铺两层沥青油毡层，往上再浇灌一层混凝土板，并在该板的两对角线方向留设变形缝，缝内可不充填任何材料，在变形缝上部铺设三倍以上变形缝宽度的白铁皮。然后再在混凝土板上铺设厚度不小于 5 cm 的板间砂层，板间砂层上部铺二层沥青油毡构成的隔离层。最后再在沥青油毡上部浇灌整体钢筋混凝土板和圈梁。

7.2.2.5　构造柱

在地表曲率变形较大时，为了提高墙壁的抗剪切强度，增加建筑物的整体刚度，限制裂

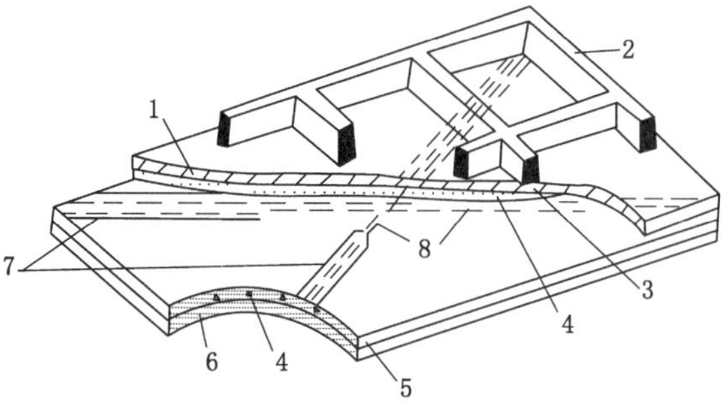

1—钢筋混凝土板；2—基础圈梁；3—5 cm 厚的板间砂层；4—两层油毡；

5—混凝土板；6—15～20 cm 厚的底部砂层；7—白铁皮；8—变形缝。

图 7-3　双板基础

缝的延长，可在墙内设置钢筋混凝土构造柱。构造柱一般设置在建筑物各单体墙壁的转角处以及承受较大附加剪力的墙壁位置。为提高砌体结构的承载能力或稳定性而又不增大截面尺寸，墙中的构造柱已不仅仅设置在房屋墙体转角、边缘部位，而是按需要设置在墙体的中间部位，圈梁应设置成封闭状。构造柱应与各墙壁圈梁连接，其上端和下端应分别锚固在钢筋混凝土楼盖(檐口)圈梁和基础圈梁内，如图 7-4 所示。

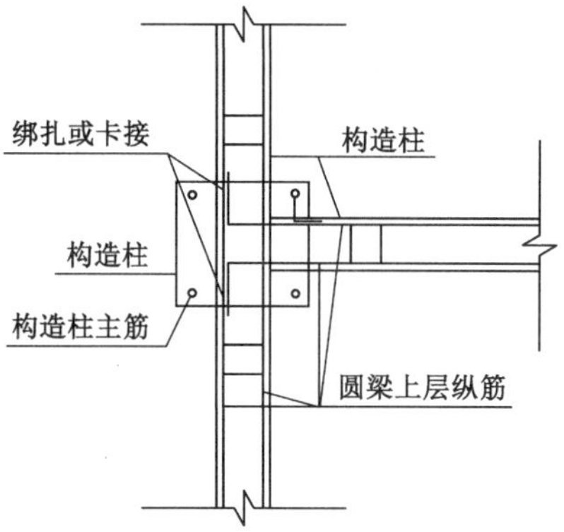

图 7-4　构造柱

根据规划建设用地适宜性预测评价结果，结合上述采空区预防与防治措施原则，提出规划建设用地预防及防治措施如下：

由表 7-3 可知，以 2020 年采空区规划建设用地预防及防治措施为例，Ⅰ区除Ⅰ2 外其余区域多数位于老采空区影响范围的边缘，除Ⅰ2、Ⅰ8、Ⅰ10 外，Ⅰ区预防及治理采用地面抗变形措施即可；Ⅱ区多数位于条带式开采区域内，主要影响因子为煤(岩)柱安全稳定性系数，考虑到将来煤(岩)柱存在失稳的可能性，条带式开采区域建议采取采空区注浆充填；Ⅲ区主要位于计划开采工作面内或其影响范围内，其主要影响因子为终采时间和煤(岩)柱安全稳定性系数，可采取缓建及采空区注浆充填的方法进行处理。

表 7-3 2020 年采空区影响范围内规划建设用地预防及防治措施一览表

适宜性	编号	面积/km^2	影响因子	预防及防治措施
适宜	Ⅰ1	0.40	采空区影响范围	地面抗变形措施
	Ⅰ2	0.19	煤(岩)柱稳定系数	采空区注浆充填
	Ⅰ3	0.23	采空区影响范围	地面抗变形措施
	Ⅰ4	0.77	采空区影响范围	地面抗变形措施
	Ⅰ5	0.25	采空区影响范围	地面抗变形措施
	Ⅰ6	0.49	采空区影响范围	地面抗变形措施
	Ⅰ7	0.33	采空区影响范围	地面抗变形措施
	Ⅰ8	0.17	采空区影响范围	缓建(位于计划开采工作面内)
	Ⅰ9	0.11	采空区影响范围	地面抗变形措施
	Ⅰ10	0.98	采空区影响范围	缓建(位于计划开采工作面内)
基本适宜	Ⅱ1	0.60	煤(岩)柱稳定系数	缓建及采空区注浆充填
	Ⅱ2	0.06	煤(岩)柱稳定系数	采空区注浆充填或调整用地布局
	Ⅱ3	1.46	煤(岩)柱稳定系数	采空区注浆充填
	Ⅱ4	0.09	煤(岩)柱稳定系数、终采时间	缓建及采空区注浆充填
	Ⅱ5	0.15	煤(岩)柱稳定系数	采空区注浆充填
	Ⅱ6	1.17	煤(岩)柱稳定系数	缓建及采空区注浆充填
适宜性差	Ⅲ1	0.17	终采时间	缓建及采空区注浆充填
	Ⅲ2	0.37	终采时间、煤(岩)柱稳定系数	缓建及采空区注浆充填(位于计划开采工作面内)或调整规划至南外环以南
	Ⅲ3	0.13	终采时间	缓建
	Ⅲ4	0.13	终采时间	缓建
	Ⅲ5	0.07	终采时间	缓建

8 结论及建议

本研究在完成了济宁市城市规划区各矿井地质采矿资料和地表岩移监测资料的收集和整理后，针对性地开展了部分正在开采区和老采空区的地表移动变形监测，并结合 InSAR 遥感解译、矿山地质环境调查、物探、钻探及岩石力学试验等工作手段，初步探查了研究区域的地表沉陷状况和采空区覆岩破坏状态，在上述工作的基础上，开展采空区稳定性评价工作，依据稳定性评价成果初步进行了采空区适宜性评价工作，结论及后续工作建议如下。

8.1 结论

（1）由 InSAR 形变监测分析和精度评价的结果可知，D-InSAR 和 SBAS 时序分析技术均能实现对调查区毫米级精度的地表形变监测。常规 D-InSAR 技术监测数据可以作为采空区形变调查、分析的基础与依据。SBAS 时序分析技术数据仅能够实现小量级地表形变的探测，可为初步确定调查区内老采空区的剩余变形提供基础依据。今后，可根据本次工作经验，结合研究工作，选取不同的 InSAR 形变监测方式，达到提高工作效率的目的。

（2）通过对区内各煤矿有效观测数据中相关性分析可知，区内下沉系数明显受采动程度和开采深度的制约。存在下沉系数随着采动程度的增大而增大的趋势，而随着采深的增加，呈现减小的变化规律。角量参数中走向边界角、走向移动角以及上山方向移动角与开采厚度呈现出一定的线性正相关。开采影响传播角在区内比较稳定，处于 86.4°～90°。以上规律可在全区范围内推广应用。

（3）开展典型采空区钻探验证工作，获得了垮落带和垮落断裂带发育高度实测数据，并与规范理论计算公式、兖矿实测资料总结公式进行了对比分析，分析结果表明针对采用放顶煤采煤法的采空区，兖矿实测资料总结公式计算出的垮落带、垮落断裂带发育高度比规范理论计算的数值与实测值更吻合。本区采用放顶煤采煤法的采空区在计算断裂带和垮落断裂带发育高度时建议采用兖矿实测资料总结公式。

（4）根据各煤矿开采现状及工作面接续计划，选取了终采时间、地表变形特征、煤（岩）柱安全稳定性系数、地表剩余移动变形值四项评价指标进行了单因子稳定性评价及综合评价。单因子评价结果显示，终采时间、煤（岩）柱安全稳定性系数是影响采空区稳定性的主要因素。稳定性综合评价结果表明，至 2020 年年底，受开采影响区域的面积为 208.90 km^2，其中，稳定区面积为 67.68 km^2，基本稳定区面积为 58.49 km^2，不稳定区面积为 82.73 km^2。

（5）在采空区稳定性评价的基础上，结合采空区对拟建工程的影响程度分析进行城市规划区适宜性评价。适宜性评价结果表明，至 2020 年年底，受开采影响区域的面积为 320.56 km^2，占评价区面积的 57%；受影响区域中，适宜区面积为 80.55 km^2，占评价区面积的 15%；基本适宜区面积为 52.29 km^2，占评价区面积的 9%，适宜性差区面积为

104.82 km^2，占评价区面积的19%。

(6) 从预防和治理两个方面针对规划建设用地提出了缓建、地面抗变形措施、采空区注浆充填、规划调整以及用地布局调整等具体措施。

8.2 建议

(1) 建议采用高精度InSAR遥感解译对老采空区的剩余变形开展持续性监测工作，以获取老采空区剩余变形随时间的演化规律，为开展场地采空区稳定性评价提供更加可靠的基础数据。

(2) 开展长序列的采空区地表变形监测工作，加强采空区地表移动变形影响范围建(构)筑物变形的长期监测工作，以便查明不同结构的建(构)筑物破坏与地表移动变形的变化规律。

(3) 进一步开展各类采空区钻探验证工作，补充完善不同类型采空区垮落断裂带发育高度实测资料成果，修正理论经验公式，为今后开展场地采空区稳定性评价和适宜性评价提供可靠技术支撑。

(4) 本研究中的采空区稳定性评价和适宜性评价均以拟建项目为普通多层建筑物为前提开展的。当地面建筑项目不同时，建筑物对采空区的扰动程度和容许变形值将会呈现差异性，导致评价结论出现偏差。因此，当采空区上方计划实施具体工程项目建设时，应结合拟建建设项目实际情况开展采空区稳定性及工程建设适宜性评价。

参考文献

[1] 肖爱华.中国煤矿城市史研究的开山之作:评《20 世纪中国煤矿城市发展史研究》[J].中国矿业大学学报(社会科学版),2015,17(2):108-110.
[2] BELL F G,DONNELLY L J,GENSKE D D,et al. Unusual cases of mining subsidence from Great Britain,Germany and Colombia[J]. Environmental geology,2005,47(5):620-631.
[3] DONNELLY L J,CRUZ H D L,ASMAR I,et al. The monitoring and prediction of mining subsidence in the Amaga, Angelopolis, Venecia and Bolombolo Regions, Antioquia,Colombia[J]. Engineering geology,2001,59(1/2):103-114.
[4] SINGH K B,DHAR B B. Sinkhole subsidence due to mining[J]. Geotechnical and geological engineering,1997,15(4):327-341.
[5] 郭广礼.老采空区上方建筑地基变形机理及其控制[M].徐州:中国矿业大学出版社,2001.
[6] SALMI E F,NAZEM M,KARAKUS M. The effect of rock mass gradual deterioration on the mechanism of post-mining subsidence over shallow abandoned coal mines[J]. International journal of rock mechanics & mining sciences,2017,91:59-71.
[7] 英国煤炭工业局.地面沉陷工程师用手册[M].董其逊,译.北京:煤炭工业出版社,1980.
[8] KING A. Cindered coal detection using transient electromagnetic methods[J]. Geoexploration,1987,24(4/5): 367-379.
[9] QUINCY E A,MOORE D F. Remote sensing of an underground coal-burn cavity with a wide-band induction system[J]. IEEE transactions on geoscience electronics,1976,14(4):236-243.
[10] ZELANKO J C,KARFAKIS M G. Development of a polyester-based pumpable grout [J].International journal of rock mechanics and mining sciences,1997,34(3/4):357.
[11] DEB D,CHOI S O. Analysis of sinkhole occurrences over abandoned mines using fuzzy reasoning: a case study[J]. Geotechnical and geological engineering, 2006, 24(5):243-258.
[12] 赵国彦.金属矿隐覆采空区探测及其稳定性预测理论研究[D].长沙:中南大学,2010.
[13] 郭广礼,邓喀中,汪汉玉,等.采空区上方地基失稳机理和处理措施研究[J].矿山压力与顶板管理,2000,17(3):39-42.
[14] 邓喀中,郭广礼,谭志祥.采动区建筑物地基、基础协同作用特性研究[J].煤炭学报,2001,26(6):601-605.
[15] 周宗红,侯克鹏,任凤玉.跑马坪铅锌矿采空区稳定性分析及控制方法[J].采矿与安全

工程学报,2013,30(6):863-867.
[16] 赵延林,吴启红,王卫军,等.基于突变理论的采空区重叠顶板稳定性强度折减法及应用[J].岩石力学与工程学报,2010,29(7):1424-1434.
[17] 刘晓明,罗周全,杨承祥,等.基于实测的采空区稳定性数值模拟分析[J].岩土力学,2007,28(增刊1):521-526.
[18] 汪吉林,丁陈建,张云,等.老采空区地基变形对地面建筑影响的数值分析[J].采矿与安全工程学报,2008,25(4):476-480.
[19] 汪吉林,吴圣林,丁陈建,等.复杂地貌多煤层采空区的稳定性评价[J].煤炭学报,2009,34(4):466-471.
[20] 丁陈建,汪吉林.神经网络法的采空区地基稳定性评价[J].采矿与安全工程学报,2009,26(2):208-211.
[21] 王晖,杨为民,王兵,等.基于GIS技术的煤矿采空区地表塌陷危险性评判[J].煤炭工程,2008(9):119-123.
[22] 童立元,赖远明,刘松玉,等.高速公路下伏多层倾斜采空区危害性评价数值模拟[J].工程地质学报,2007,15(1):114-118.
[23] 汪吉林,姜波.煤矿采空区稳定性的模糊综合评判[J].矿山压力与顶板管理,2005,22(2):29-31.
[24] 王新民,段瑜,彭欣,等.采空区灾害危险度的模糊综合评价[J].矿业研究与开发,2005,25(2):83-85.
[25] 杨扬,冯乃琦,余珍友.层次分析和隶属函数在采空区稳定性评价中的应用[J].矿冶工程,2008,28(5):23-26.
[26] 宫凤强,李夕兵,董陇军,等.基于未确知测度理论的采空区危险性评价研究[J].岩石力学与工程学报,2008,27(2):323-330.
[27] 蒋卫东,李夕兵,胡柳青,等.基于灰色定权聚类的采空区上部地表稳定性分析[J].矿冶工程,2002,22(4):15-17.
[28] 唐胜利,唐皓,郭辉.基于BP神经网络的空洞型采空区稳定性评价研究[J].西安科技大学学报,2012(2):234-238.
[29] 邓丽丽.可拓方法在采场稳定性评价中的应用[J].中国矿业,1998,7(4):35-38.
[30] 戴兰芳,苏胜昔,李文秀.采空区地表建筑物基础稳定性的Fuzzy测度分析[J].岩土力学,2004,25(11):1791-1794.
[31] 李爱兵,尹彦波.支持向量机对采空区稳定时间的预计[J].岩土力学,2005,26(增刊2):231-233,238.
[32] 张绍国,王新民,姚建,等.采空区稳定性的非线性分析[J].地下空间与工程学报,2005,1(6):908-911.
[33] 张俊英.采空区地表建筑地基稳定性模糊综合评价方法[J].北京科技大学学报,2009,31(11):1368-1372.
[34] 李凡月,刘文生.模糊物元模型在采煤沉陷区稳定性综合评判中的应用[J].煤炭学报,2011,36(增刊1):79-82.
[35] 贾磊,解咏平,李明,等.盲数理论在采空区地基稳定性评价中的应用[J].科学技术与工

程,2014,14(20):190-193.
[36] 唐硕,罗周全,徐海.基于模糊物元的采空区稳定性评价研究[J].中国安全科学学报,2012,22(7):24-30.
[37] LI L,WU K,ZHOU D W. Evaluation theory and application of foundation stability of new buildings over an old goaf using longwall mining technology[J]. Environmental earth sciences,2016(75):763-772.
[38] CUI X M,ZHAO Y L,WANG G R,et al.Calculation of residual surface subsidence above abandoned longwall coal mining[J].Sustainability,2020,12(4):1528.
[39] 张永波.老采空区建筑地基稳定性及其变形破坏规律的研究[D].太原:太原理工大学,2005.
[40] 马金荣,刘辉,季翔,等.煤矿废弃采空区建筑场地稳定性研究[J].建筑科学,2006(4):21-24,60.
[41] 滕永海,张俊英.老采空区地基稳定性评价[J].煤炭学报,1997(5):58-62.
[42] 王永申,姜升,杨凌,等.煤矿采空区建筑地基应考虑的一些基本条件[J].矿山测量,2006(2):75-78.
[43] 王明立,胡炳南,赵有星.采煤沉陷区工程建筑物地基的稳定性分析[J].煤炭科学技术,2006(3):72-75.
[44] 张俊英.地表新增荷载对采空区上方覆岩的影响规律[J].煤炭学报,2008,33(2):166-170.
[45] 冯旭海.煤矿老空区地表用作建筑场地的适宜性评价[J].煤矿安全,2014,45(7):201-204.
[46] 中国煤炭建设协会.煤矿采空区岩土工程勘察规范(2017 年版):GB 51044—2014[S].北京:中国计划出版社,2017.
[47] 李运江,王宗胜,鲁亮.鲍店井田西部第四系划分及对提高开采上限的影响[J].山东煤炭科技,2014(4):159-161.
[48] 邵小朋,徐旭东,南莹浩.许厂煤矿断裂构造规律研究[J].华北科技学院学报,2017(4):19-23,51.
[49] 吴新庆,袁黎明,曹健.浅析许厂煤矿 $3_下$ 煤层厚度变化规律及其影响因素[J].山东煤炭科技,2015(4):26-27,30.
[50] 许冬,吴侃.济宁煤矿区地表塌陷积水时空演变[J].辽宁工程技术大学学报(自然科学版),2014(10):1307-1311.
[51] 卞景强,闫宪洋,谭文峰,等.东滩煤矿初掘巷道围岩压力监测分析[J].煤矿现代化,2014(5):80-82.
[52] 李世民.山东田庄煤矿深部薄煤层开采底板破坏特征[J].现代矿业,2018,34(3):166-168.
[53] 夏文营.田庄煤矿煤质变化规律分析[J].山东煤炭科技,2017(8):135-137.
[54] 葛春,李海锋,李传磊.淄矿岱庄煤矿瓦斯地质规律分析[J].中国高新技术企业,2014(10):89-91.
[55] 赵元强,王同华,傅静.葛亭煤矿 1160 采区水文地质条件分析[J].中国煤炭地质,

2008(5):42-46.
[56] 王宗胜,谭志祥,李运江,等.鲍店矿区开采沉陷预计参数综合研究[J].矿山测量,2014(3):24-26.
[57] 谭志祥,王宗胜,李运江,等.高强度综放开采地表沉陷规律实测研究[J].采矿与安全工程学报,2008,25(1):59-62.
[58] 贺天,张自发,张广学.济宁三号煤矿重复采动条件下的矿区地表沉陷规律研究[J].山东煤炭科技,2019(6):144-146,49.
[59] 王永辉,倪岳晖,周建伟,等.基于概率积分法的横河煤矿巨厚松散层下开采沉陷预测分析[J].地质科技情报,2014,33(4):219-224.
[60] 常西坤.深部开采覆岩形变及地表移动特征基础实验研究[D].青岛:山东科技大学,2010.
[61] 郭振忠,周业亭,孙少磊.基于许厂煤矿厚松散层下开采地表沉陷规律研究与应用[J].中国高新技术企业,2012(22):128-129.
[62] 蓝秦隆,邹进贵.SBAS 技术在地面沉降监测中的应用:以武汉市为例[J].测绘通报,2018(增刊 1):278-282.
[63] 王行风,汪云甲,杜培军.利用差分干涉测量技术监测煤矿区开采沉陷变形的初步研究[J].中国矿业,2007,16(7):77-80.
[64] DIAO X P,WU K,HU D,et al. Combining differential SAR interferometry and the probability integral method for three-dimensional deformation monitoring of mining areas[J]. International journal of remote sensing,2016,37(21):5196-5212.
[65] ZEBKER H A,GOLDSTEIN R M. Topographic mapping from interferometric synthetic aperture radar observations[J]. Journal of geophysical research,1986,91(B5):4993-4999.
[66] 陶秋香.PS InSAR 关键技术及其在矿区地面沉降监测中的应用研究[D].青岛:山东科技大学,2010.
[67] 杨泽发,朱建军,李志伟,等.联合 InSAR 和水准数据的矿区动态沉降规律分析[J].中南大学学报(自然科学版),2015,46(10):3743-3751.
[68] 邓喀中,王刘宇,范洪冬.基于 InSAR 技术的老采空区地表沉降监测与分析[J].采矿与安全工程学报,2015,32(6):918-922.
[69] 刁鑫鹏.矿区大尺度地表形变 SAR/InSAR 监测相关技术研究[D].徐州:中国矿业大学,2018.
[70] 鹿璐,范洪冬,郑美楠,等.基于 TCP-InSAR 的采动区铁路动态沉降监测与时序分析[J].大地测量与地球动力学,2019,39(2):164-168.
[71] BERARDINO P,FORNARO G,LANARI R,et al. A new algorithm for surface deformation monitoring based on small baseline differential SAR interferograms[J]. IEEE transactions on geoscience and remote sensing,2002,40(11):2375-2383.
[72] LANARI R,MORA O,MANUNTA M,et al. A small-baseline approach for investigating deformations on full-resolution differential SAR interferograms[J]. IEEE transactions on geoscience and remote sensing,2004,42(7):1377-1386.

[73] HOOPER A. A multi-temporal InSAR method incorporating both persistent scatterer and small baseline approaches[J]. Geophysical research letters, 2008, 35(16): L16302.

[74] 武丽梅,金丽华,季碗栎.结合 SBAS 技术的鲁西南地区地面沉降监测[J].测绘通报, 2019(1):108-113.

[75] 何秀凤,何敏.InSAR 对地观测数据处理方法与综合测量[M].北京:科学技术出版社,2012.

[76] 杨成生,张勤,赵超英,等.短基线集 InSAR 技术用于大同盆地地面沉降、地裂缝及断裂活动监测[J].武汉大学学报(信息科学版),2014,39(8):945-950.